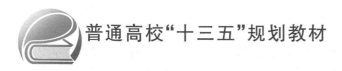

普通高校"十三五"规划教材

电工电路实验教程
（第 3 版）

主　编　骆雅琴
副主编　顾凌明

北京航空航天大学出版社

内 容 简 介

本书为高等院校非电类工科专业电工实验教材,共分三篇:第一篇是电工实验基础,主要介绍电工测量技术及仪器设备(包括软件、硬件);第二篇是电工实验,由基础性实验和设计性综合性实验两部分组成;第三篇是例题、习题和实验理论试卷。本书的第一篇和第二篇均配有思考题。

本书可作为高等院校非电类工科专业"电工技术"(电工学 1)课程的配套实验教材,也可作为实验独立设课的电工实验课教材。

图书在版编目(CIP)数据

电工电路实验教程 / 骆雅琴主编. ——3 版. ——北京:
北京航空航天大学出版社,2017.8
ISBN 978-7-5124-2496-8

Ⅰ.①电… Ⅱ.①骆… Ⅲ.①电工实验—高等学校—教材②电路—实验—高等学校—教材 Ⅳ.①TM-33
②TM13-33

中国版本图书馆 CIP 数据核字(2017)第 203494 号

版权所有,侵权必究。

电工电路实验教程(第 3 版)
主　编　骆雅琴
副主编　顾凌明
责任编辑　胡　敏

*

北京航空航天大学出版社出版发行

北京市海淀区学院路 37 号(邮编 100191)　http://www.buaapress.com.cn
发行部电话:(010)82317024　传真:(010)82328026
读者信箱:bhpress@263.net　邮购电话:(010)82316936
艺堂印刷(天津)有限公司印装　各地书店经销

*

开本:710×1 000　1/16　印张:17.5　字数:373 千字
2017 年 9 月第 1 版　2021 年 2 月第 4 次印刷　印数:8 001~9 000 册
ISBN 978-7-5124-2496-8　定价:35.00 元

若本书有倒页、脱页、缺页等印装质量问题,请与本社发行部联系调换。联系电话:(010)82317024

第3版前言

2007年2月,我们出版了"十一五"高校规划教材《电工实验教程》。该书的出版对安徽工业大学"电工学"教学和教改起到了积极的促进作用。经过一年的教学实践,于2008年2月对其进行了再版修订。前两版教材已经使用10年,对安徽工业大学的"电工学"实验课程起到了重要的作用。目前本人兼聘于河海大学文天学院进行"电路"课程教学工作,并即将完成安徽省级教改项目"电路电子教学团队"。在开展电路电子教学团队建设的过程中,我们安排了两校更多的教师参与对《电工实验教程(第2版)》的修订工作,力求在修订过程中让教师们的业务水平得到提升。考虑到"电路"课程教学的需要,同时考虑到基础知识的相同性,本次修订力求拓展应用面,即使之不仅适合"电工学"课程使用,也适合"电路学"课程使用。因此本版即第3版的书名中添加"电路"两字,为《电工电路实验教程(第3版)》。

本书共分三篇。第一篇是基础,第二篇是核心,第三篇是复习。三篇各有侧重,又相互联系。使用本书的教师,可根据课时对内容进行选取。

本书是"电工学 电工技术"实验课程的配套教材,还可作为"电路"和"电机及电力拖动"(少学时)实验课程的选用教材,以及"电工学 电工技术"、"电路"课程的提高性实验、课程设计、创新实验的选用教材。

对本次修订说明如下:

1.保留了第2版的体系和主要内容,除订正错误、调整部分内容外,还增加了两个电路实验,即实验十三"常用电子仪器的使用及典型信号的观测"和实验十四"移相器的设计与测试"。

2.绪论、第一篇和第二篇的第7章,对需要做电工实验和电路实验的任何学生都是适用的。实验基础知识的准备非常重要,由于实验课主要是动手操作,不会有太多的时间来讲授这些基础知识,因此要求学生在课前要认真自学这些内容。只有认真地做好准备工作,才能顺利地完成实验。

3."电工学"的学生必做的电工实验基本内容是:实验一～实验六。

4."电路"的学生必做的电路实验基本内容是:实验一～实验五、实验十三和实验十四。

5."电机及电力拖动"(少学时)的学生必做的电力拖动实验基本内容是:实验十一、实验十二。

6."电工学"和"电路"的学生,需要做提高性实验、课程设计、创新实验的,可以选用实验七~实验十。

参加本次修订工作的有主编骆雅琴、副主编顾凌明,安徽工业大学的游春豹、程卫群,以及河海大学文天学院的陈玲、胡徐胜、吴静妹、王飞等。在本次修订过程中,安徽工业大学教务处、电气工程及信息学院、电工学教研室以及电气实验中心等部门的领导和老师们给予了极大的支持和帮助,河海大学文天学院教务处、电气系、电路教研室等部门的领导和老师们也给予了极大的支持和帮助,北航出版社的编辑们认真严谨的工作态度给我们留下了深刻的印象,在此表示衷心的感谢!对给本书提出宝贵意见的读者在此也一并表示诚挚的谢意。

由于我们水平有限,恳请广大读者朋友批评指正。

骆雅琴

2017年7月写于安徽工业大学

2017年8月修改于河海大学文天学院

第 2 版前言

2007年2月我们出版了"十一五"普通高校规划教材《电工实验教程》。该书的出版对我校"电工学"教学和教改起到了积极的促进作用。通过这本教材——这个与广大读者交流的窗口,我们第一次向大家介绍了具有安徽工业大学特色的"电工学"三位一体教学模式,并强调实验课在其中的重要作用。一方面我们希望使用这本教材的学生能了解"电工学"新的教学体系,积极配合教学,学得更好、更扎实;另一方面还希望和高等院校的同行们共同探讨,摸索出"电工学"实验课最有效的教学方式,以促进我国"电工学"学科的发展。

《电工实验教程》自出版以来,受到广大师生的欢迎,仅一年时间的使用,就面临再次印刷的需求。为了提高教材质量,对广大读者负责,我们决定对其进行修订。我们广泛地向使用这本教材的教师和学生征求了修改意见。为此,安徽工业大学教务处对学生进行了百余份问卷调查统计,并将统计结果反馈给我们。这些宝贵意见是我们修订工作的依据。

对本次修订做以下说明:

1. 对应用较多的基础性实验,做了大量的修改。第1版只有实验线路图的,均增加电路原理图。对实验的叙述也做了一些修改,还增加了部分电路图,力求通俗易懂。

2. 尽量删去一些可要可不要的文字、图和表格,力求简单明了,但仍保留了原来的体系和主要内容。

3. 本书是"电工学"实验课程的配套教材。为满足独立设课的要求,在内容的选取上体现了实验理论体系的完整性和系统性,因此力求新编实验教材内容的丰富、全面、新颖。使用本书的读者,可根据课时对内容进行选取。

4. 本书共分三篇。第一篇是基础,第二篇是核心,第三篇是习题。三篇各有侧重,又相互联系。要想完成实验,首先要做准备,其中重要的准备是实验基础知识的准备。由于实验课主要是动手做,不会有太多的时间来讲授基础知识,因此要求学生在课前认真自学基础篇。因为准备做得越认真全面,实验就会越顺利,越能达到预期目标。

5.本书三篇的各章均配有思考题。这些思考题都可能是实验理论考试的考点,希望使用本书的迎考读者,不要只看第三篇,全面复习才能取得优良的成绩。

6.实验十一和实验十二是本书选做的综合性实验,也是"电机及电力拖动"课的必做实验。希望有此后续课的同学保留本书,以便今后使用。

7.此次修订,在第三篇中增加一套电工技术实验理论考试的新试卷。

参加本次修订工作的有主编骆雅琴、副主编顾凌明,以及甘晖和郭蕊等。在本次修订过程中,安徽工业大学教务处、电气信息学院、电工学教研室以及电气实验中心等部门的领导和老师们给予了极大的支持和帮助,北航出版社的编辑们认真严谨的工作态度给我们留下了深刻的印象,在此表示衷心感谢!对给本书提出宝贵意见的读者在此也一并表示诚挚的谢意。

由于我们水平有限,恳请广大读者朋友批评指正。

骆雅琴

2008年2月于安徽工业大学

前　言

随着现代科学技术的飞速发展,电工领域的新技术层出不穷。为了适应科技的进步,我们坚持教学改革多年,初步形成了电工理论、电工实验和电工实习三者各自独立又相互融合的"电工学"课程教学新体系。电工实验是这一新体系的重要组成部分。为了满足电工实验教学的需要,我们编写了《电工实验教程》。

本书是根据教育部制定的"高等工科院校'电工技术'(电工学1)课程的教学基本要求",结合现有的实验设备条件和电工实验教学改革而编写的。根据现代高校的办学特点,在内容安排上,充分考虑了一类、二类、三类本科不同层次的教学需要。本书可作为高等工科院校非电类专业"电工技术"(电工学1)课程的配套教材,也可作为实验独立设课的"电工技术"(电工学1)的实验课教材。

为了帮助学生巩固和加深理解所学的理论知识,培养学生的实验技能和综合应用能力,树立工程实际观点和严谨的科学作风,在《电工实验教程》的编写过程中,把实验教学的重心从单纯的验证理论层面,转移到实验操作、综合应用与扩展知识层面,使实验教学与理论教学不再是简单的重复,而是彼此各有侧重又相互呼应,从而形成有机结合。

本书应用现代教育技术、现代实验技术来解决实践教学中的问题,增加了反映电工实验教改成果的实验内容和新技术应用的实验项目。本书的最大特点是在确保电工基础性实验内容完整性的基础上,增加了设计性综合性实验:基础性实验是必做实验,覆盖了电工技术的主要内容;设计性综合性实验为选做内容,是提高性实验,能拓宽学生的知识面且有一定的深度和广度。两部分实验相互配合,以供不同层次的学生选用。本书部分实验可以应用安徽工业大学"电工学"精品课网页中的网上实验平台来预习和验证。

《电工实验教程》的编写还注重教材的启发性、系统性和完整性。全书共分三篇。第一篇是电工实验基础,主要介绍电工测量技术及仪器设备(包括软件、硬件),为了启发学生深入理解电工测量理论、灵活掌握电工测量技术,各章均配有思考题;第二篇是电工实验,其中实验一～实验六为基础性实验;实验七～实验十二是设计性综合性实验,各实验配有预习思考题和实验思考题,以帮助学生进行实验的预习和总结;为了配合实验课考试,本书还编写了第三篇"电工实验例题和习题",并收编了四套实验理论试卷,以供学生复习时参考。

　　本书由骆雅琴任主编,顾凌明任副主编。参加编写、审校和验证实验等工作的还有郭华、程卫群、孙金明、黄欣、魏明、查锋炜。在本书的编写过程中,安徽工业大学教务处、电气信息学院、电工学教研室以及电气实验中心等部门的领导和老师们都给予了极大的支持和帮助,在此表示衷心的感谢!对参考文献中的有关作者在此也一并表示诚挚的谢意。

　　由于我们水平有限,加之时间仓促,对于书中存在的疏漏和错误,恳请广大读者朋友批评指正。

骆雅琴

2006 年 10 月于安徽工业大学

目 录

绪 论 ·· 1
  0.1 电工实验重要性论述 ·································· 1
  0.2 电工实验的目标任务 ·································· 1
  0.3 电工实验的教学体系 ·································· 3
  0.4 电工实验的教学方式 ·································· 4
  0.5 电工实验的基本要求 ·································· 5
  0.6 实验室安全用电规则 ·································· 7

第一篇 电工实验基础

第1章 电工测量及仪表认识 ·································· 9
  1.1 电工测量分类 ··· 9
  1.2 测量误差分析 ··· 10
  1.3 电工测量仪表的工作原理 ··························· 12
  1.4 电工仪表的分类及标志 ······························ 20
  思考题 ·· 22

第2章 常用电工实验仪表 ······································ 24
  2.1 磁电式直流电表 ······································ 24
  2.2 电磁式交直流电表 ··································· 25
  2.3 电动式功率表 ··· 26
  2.4 万用表 ··· 27
  2.5 兆欧表 ··· 32
  2.6 手持数字转速表 ······································ 33
  2.7 电工仪表使用说明 ··································· 34
  思考题 ·· 37

第3章 常用电工实验仪器 ······································ 38
  3.1 双踪示波器 ·· 38

 3.2 信号发生器 ·· 46
 3.3 晶体管直流稳压电源 ·· 49
 思考题 ··· 51

第4章 常用电工实验设备 ··· 52
 4.1 电工实验电源板 ··· 52
 4.2 直流电路实验板 ··· 53
 4.3 电流插头和插座 ··· 53
 4.4 交流电路实验板 ··· 54
 4.5 电容箱 ·· 55
 4.6 三相灯箱 ·· 55
 4.7 电动机继电控制系统实验板 ··· 56
 思考题 ··· 57

第5章 EWB实验仿真软件 ··· 58
 5.1 EWB软件简介 ··· 58
 5.2 EWB的基本界面 ·· 59
  5.2.1 EWB的主窗口 ··· 59
  5.2.2 EWB的菜单栏 ··· 60
  5.2.3 EWB的工具栏 ··· 60
  5.2.4 EWB的元器件库栏 ··· 61
 5.3 EWB的基本操作方法 ·· 64
  5.3.1 电路的创建与运行 ·· 65
  5.3.2 子电路的生成与使用 ··· 72
  5.3.3 仪器的使用 ··· 74
 思考题 ··· 84

第6章 常用元件及其测量方法 ··· 85
 6.1 常用元件介绍 ·· 85
 6.2 参数的测量 ·· 94
 6.3 电量的测量 ·· 97
 6.4 电工测量注意问题 ·· 99
 思考题 ··· 100

第二篇 电工实验

第7章 电工实验方法 ········· 101

7.1 电工基础性实验 ········· 101
7.1.1 电工基础性实验的要求 ········· 101
7.1.2 电工基础性实验的操作方法 ········· 102

7.2 电工设计性综合性实验 ········· 103
7.2.1 电工设计性综合性实验的要求 ········· 104
7.2.2 电工设计性综合性实验的步骤 ········· 105
7.2.3 电工设计性综合性实验的方法 ········· 106

第8章 电工实验内容 ········· 109

实验一 直流电路的测量 ········· 109
实验二 直流电源等效 ········· 116
实验三 直流暂态电路 ········· 122
实验四 单相交流电路 ········· 127
实验五 三相交流电路 ········· 136
实验六 交流异步电动机及控制 ········· 143
实验七 三相异步电动机的继电接触控制系统设计 ········· 152
实验八 电路测量的仿真实验设计 ········· 162
实验九 小型供电系统的设计和安装 ········· 179
实验十 三相异步电动机 PLC 控制系统 ········· 194
实验十一 直流电动机的认识和机械特性的测定 ········· 213
实验十二 绕线式异步电动机机械特性、启动和制动、调速 ········· 220
实验十三 常用电子仪器的使用及典型信号的观测 ········· 226
实验十四 移相器的设计与测试 ········· 235

第三篇 例题与习题

第9章 电工实验例题 ········· 239

第10章 电工实验习题 ········· 246

2.1 电工实验习题 ········· 246

2.2 电工实验习题答案 ·· 254

第 11 章 电工实验理论考卷(样卷) ·· 257

试卷 1 ·· 257

试卷 2 ·· 259

试卷 3 ·· 261

试卷 4 ·· 263

试卷 5 ·· 265

参考文献 ·· 268

绪 论

0.1 电工实验重要性论述

在现代科学技术及工程建设中,电工技术的应用十分广泛。因此,非电类专业的学生同样要掌握现代电工技术的基础知识和基本技能。要掌握现代电工技术离不开实验。实验是人们认识自然及进行科学研究工作的重要手段。一切真知都是来源于实践,同时又通过实践来检验其正确性,因此可以说实验是一种重要的实践方式。

电工技术的发展离不开实验。1747 年,富兰克林通过实验证实了闪电和摩擦生电所产生的电荷是相同的;1820 年,安培和奥斯特先后通过实验发现载流线圈之间的作用力和电流对磁针的作用力;1831 年,法拉第通过实验中总结出了电磁感应定律;1873 年,麦克斯韦用数学方法创立了电磁场理论;1889 年,赫兹通过实验实现了无线电波的传播,从而验证了麦克斯韦的理论。在实验和实践中电工技术得到了发展。

电工技术的学习也离不开实验,因为实验是观察与感知电现象与电路中物理过程的重要手段。众所周知,电气现象及电路过程不是那么直观,电压的变化、电流的流动都是看不见、摸不到的,只有通过检测仪表间接地观察;另外,电压和电流的变化是瞬息万变的,观察的时效性很强,只有熟悉电工仪表、电子仪器的使用,掌握正确的测试方法,了解电路中电压与电流变化的基本规律,才能对电路或装置进行测试和研究。

因此要学好电工技术,必须加强电工实验这一教学环节,使学生通过电工实验来巩固和加深理解所学的电工理论知识。

0.2 电工实验的目标任务

1. 电工实验课的目标

在工科大学生的培养过程中,实验是一项重要的实践性教学环节。电工实验将培养学生以下几方面能力:

① 正确使用设备的能力。要求学生学会正确使用常用电子仪器,熟悉电子电路中常用的元器件性能。

② 理论联系实际的能力。要求学生能根据所掌握的知识,阅读简单的电路原

理图。

③ 实验动手能力。要求学生能独立地进行实验操作。

④ 解决问题的能力。要求学生能处理实验操作中出现的问题。

⑤ 实际工作能力。要求学生能准确地读取实验数据,测绘波形和曲线。

⑥ 独立分析问题的能力。要求学生学会处理实验数据,分析实验结果,撰写实验报告。

⑦ 工程实际观点。要求学生掌握一般的安全用电常识,遵守操作规程。

实验的目的不仅要帮助学生巩固和加深理解所学的理论知识,还要训练他们的实验操作技能和实际工作能力,培养他们的动手能力和独立工作能力,树立工程实际的观点和严谨的科学作风,全面提高学生在工程技术方面的素质,为将来能够更好地解决现代科学技术研究及工程建设和开发过程中碰到的新问题打下良好的基础。

2. 电工实验要求掌握的基本技能

电工实验技能训练的具体要求是:

① 认识常用的电工仪表。常用的电工仪表是指直流电流表、直流电压表、交流电流表、交流电压表、功率表、万用表和兆欧表等。

了解仪表的工作原理、使用场合和准确度等级;学会正确使用常用的电工仪表,选择量程,避免读数方法不当引起的误差;掌握仪表的正确接线方法和正确读数方法。

② 认识常用的电子仪器。常用的电子仪器有直流稳压电源、双线示波器和信号发生器等。

了解电子仪器的组成原理、功能、主要技术性能、主要操作旋钮及操作开关的功能,了解电子仪器的正确调节方法、正确观察及读数方法;学会使用常用的电子仪器;掌握电子仪器的正确接线方法。

③ 认识常用的电工设备。常用的电工设备有单相变压器、接触式调压器、三相异步电动机和日光灯。常用的控制电器有开关、交流接触器、继电器和按钮等。

了解电工设备的工作原理及使用场合;学会正确使用常用的电工设备;掌握电工设备的正确接线方法及正确的操作方法。

④ 能按电路图接线、查线和排除简单的线路故障。具有熟练的按图接线能力,能判别电路的正常工作状态及故障现象,能够检查线路中的断线及接触不良,特别是不能因接线错误而出现短路。了解实验接线板的功能及接线要求,能够正确地把仪器、仪表接入接线板。

⑤ 能进行实验操作、读取数据、观察实验现象和测绘波形曲线。

⑥ 能整理分析实验数据、绘制曲线,并写出整洁、条理清楚、内容完整的实验报告。

⑦ 能使用安徽工业大学电工学精品课网页中的网上实验平台。学会使用网上

实验平台提供的计算机仿真软件来预习实验,验证实验以及完成设计性实验。

⑧ 能完成 1～2 项电工设计性实验。电工设计性实验可以通过模拟仿真软件来预习,但必须在实验室验证。

为了完成电工实验的基本任务,实现电工实验的教学目标,电工实验不仅已单独设课、单独考试及记分,而且还增加了设计性、综合性实验,并尝试和以可编程控制器为主线的电工实习进行有机的结合。本教材的部分实验和预习要求在安徽工业大学电工学精品课网页中的网上实验平台进行。

0.3 电工实验的教学体系

1. 电工学课程体系中的电工实验

安徽工业大学电工学课程新体系有三个环节,其中电工技术的三个环节是:电工理论、电工实验和电工实习。电工实验在其中起着承上启下的作用:它既要支撑电工理论,为理论服务;又要沟通电工实习,为电工实习做前期实践准备。因此,电工实验必须与电工理论和电工实习有机结合,形成一个整体。

电工学课程体系示意图如图 0.0.1 所示。

图 0.0.1　电工学课程体系示意图

电工实验虽然单独设课,并且有自身的教学体系,但它必须服从电工学课程体系的要求。

2. 电工实验教学体系

安徽工业大学电工实验的教学体系示意图如图 0.0.2 所示。

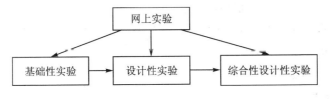

图 0.0.2　电工实验的教学体系

1) 基础性实验

基础性实验是必做实验。基础性实验基本上是验证性实验,占实验总学时的 62.5%～75%。

2）设计性实验

设计性实验必做 1~2 项,占实验总学时的 25%。

3）综合性设计性实验

综合性设计性实验是选做实验或演示实验,占实验总学时的 0~12.5%。这类实验是为学有余力的学生准备的。

4）网上实验

网上实验也是电工实验重要组成部分,它主要提供一个课外实验平台。这个实验平台是用计算机仿真软件来进行实验预习、实验验证以及设计实验的。网上实验不安排学时,是开放性实验,为学生自主学习提供方便。网上实验平台的具体内容及操作要求见安徽工业大学电工学精品课网页中的网上实验。

0.4 电工实验的教学方式

1. 电工实验课的安排

电工实验课以自然班人数为单位安排。电工实验课是在开课的上一学期末选课,学生按选课时间到电工实验室上课。每学期的实验安排,在开学的第三周内发布在安徽工业大学电工学精品课网页中的网上实验里。实验内容、实验进度及实验地点等相关内容都将发布在网上实验里,请同学务必注意网上实验里的通知。若有不清楚的问题,可通过电工学精品课网页中的互动平台与相关教师联系。

根据实验内容进行实验分组,弱电实验 1 人 1 组,强电实验 2 人 1 组。每班由 1~2 名教师负责指导。实验课教师负责检查学生的预习情况,讲解实验内容及仪器使用方法,检查实验接线,处理实验故障,检查实验结果,指导学生实施正确的实验操作方法,负责实验课进行中的安全用电,解答学生在实验中所出现的问题,批改实验报告,在期终考核学生的实验能力及评定成绩。

每次实验课需要经过预习、熟悉设备、接线、通电操作、观察读数、整理数据、编写实验报告等环节,学生对每一个环节都必须重视,有始有终地完成每个实验。

每次实验课学生除了要带预习报告,还要交上一次的实验报告。在实验课开始时指导教师应在实验内容、实验接线图、主要操作步骤、预习练习题、实验注意事项等方面检查学生的预习情况。

2. 电工实验课的操作程序

1）基础性实验

良好的实验操作方法与正确的操作程序是实验顺利进行的有效保证。

图 0.0.3 所示为常规实验的操作程序,其详细说明见 7.1 节"电工基础性实验"。

图 0.0.3 常规实验的实验操作方法

2）设计性实验

图 0.0.4 所示为设计性实验的操作程序,其详细说明见 7.2 节"电工设计性综合性实验"。

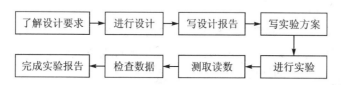

图 0.0.4 设计性实验的实验操作方法

3. 电工实验成绩评定方法

电工实验成绩评定方法如表 0.0.1 所列。

表 0.0.1 成绩评定方法

项目	评定内容	所占比例
平时成绩	实验预习	10%
	实验操作	20%
	实验报告	10%
考试成绩	实验考试	15%
	实验理论考试	45%
备注	以上比例会有调整	

0.5 电工实验的基本要求

1. 预习要求

实验课前充分的预习准备是保证实验顺利进行的前提,否则将事倍功半,甚至会损坏仪器或发生人身安全事故。为了确保实验效果,要求在实验前教师对学生进行预习情况检查,不了解实验内容和无预习报告者不能参加实验。

预习的主要要求如下:

① 每个实验的预习要求已在实验教材中明确提出。学生应按每个实验的预习内容预习。

② 认真阅读实验教程，了解实验内容和目的。
③ 复习与实验有关的理论知识。
④ 了解并预习实验仪器的使用方法。
⑤ 了解实验的方法与注意事项。
⑥ 熟悉实验接线图及操作步骤。
⑦ 拟好实验数据及实验结果记录表格。
⑧ 认真写出预习报告。
⑨ 在预习报告中回答预习要求中所列出的练习题。

2．实验要求

不仅要严格按照电工实验课操作程序中的步骤进行实验，还要注意：

① 接线完毕要养成自查的习惯。对于强电或可能造成设备损坏的实验电路，须经指导教师复查后方可通电。

② 通电后的操作应冷静而又细致。注意仪器的安全使用和人身安全，发现异常及时断电。

③ 严肃、认真、仔细观察实验现象，真实记录数据，并与理论值比较。

④ 测得的数据经自审后，送指导教师检查后方可拆掉电路连线。

⑤ 实验结束时注意先断电后拆线。离开实验室前要整理好实验台。

⑥ 实验完成后，要处理数据，整理实验结果，撰写报告的总结部分，编写和整理一份完整的实验报告。

3．实验报告的要求

学生参加每个实验都必须写实验报告。实验报告每人写一份，其目的是培养对实验结果的处理和分析能力、文字表达能力及严谨的科学作风。

实验数据通常用列表及作图两种方法进行处理，关系曲线图应作在坐标纸及对数计算纸上。每根曲线用一种符号表示。实验曲线应该是平滑的，应尽量使各点平均地分布在曲线两侧，并可将明显偏离太远的点去除，不能简单地把各点连成折线。

波形的描绘应该在实验观测时进行，应力求真实，注意坐标的均匀及表示出波形的特征，必要时可用箭头标注说明。波形图尽量描在坐标纸上，其时间轴不宜小于 8 cm，其波幅不宜小于 2 cm(单向)。

实验报告应包括实验目的、仪器设备、实验内容及线路图，实验数据记录及整理结果，对实验现象及结果的分析讨论，实验的收获、体会和意见建议等。实验报告的书写顺序如下：

① 实验目的。
② 实验任务。
③ 实验设备。
④ 实验线路。
⑤ 实验原理(简述)。
⑥ 实验步骤。该部分应包括如下内容：
- 简述实验步骤。
- 各步骤的实验接线图。
- 各步骤的测量数据表格，每项数据应有理论计算与实测两项。理论计算在预习中完成，以便实验测量时与实测值比较。

⑦ 实验总结。该部分应包括如下内容：
- 数据处理(包括计算、制表、绘图)，并将测得的数据与理论值比较分析、总结。
- 回答实验教程中提出的问题。
- 实验体会及建议。

①～⑥ 预习时完成

⑦ 实验后完成

实验报告一般分两个阶段写。第一阶段，在实验前一周完成。按实验教程的"预习要求"撰写实验报告的预习部分，它包括报告要求的①～⑥项内容。第二阶段，在实验结束后完成，撰写实验报告的总结部分。第二阶段完成后，将两部分内容有机整合，就得出一份完整的实验报告。

除以上要求外，实验报告还应：写明实验名称、日期、实验人姓名、同组人姓名(如果有的话)和组号、指导教师姓名；用统一的实验报告纸抄写，做到条理清楚，字迹整洁；图表要用直尺等工具绘制，波形图应画在坐标纸上。

0.6 实验室安全用电规则

安全用电是实验中始终需要注意的重要问题。为了做好实验，确保人身和设备的安全，在做电工实验时，必须严格遵守下列安全用电规则：

① 接线、改接、拆线都必须在切断电源的情况下进行，即**先接线后通电，先断电再拆线**。

② 在电路通电情况下，人体严禁接触电路不绝缘的金属导线或连接点等带电部位。万一遇到触电事故，应立即切断电源，进行必要的处理。

③ 实验中，特别是设备刚投入运行时，要随时注意仪器设备的运行情况，若发现有超量程、过热、异味、异声、冒烟及火花等，应立即断电，并请老师检查。

④ 实验时应精神集中,同组者必须密切配合,接通电源前须通知同组同学,以防止触电事故。

⑤ 电动机转动时,防止导线、发辫、围巾等物品卷入。

⑥ 了解有关电器设备的规格、性能及使用方法,严格按额定值使用。注意仪表的种类、量程和连接使用方法,例如,不得用电流表或万用表的电阻挡,电流挡去测量电压;电流表、功率表的电流线圈不能并联在电路中等。

第一篇　电工实验基础

第1章　电工测量及仪表认识

1.1　电工测量分类

在测量过程中,由于采用测量仪表的不同、度量器是否直接参与以及测量结果如何取得等,就形成不同的测量方法。这些方法的选择,一般与被测量的特性、测量条件及对准确度的要求等有关。测量方法可以根据各种不同的特征来分类。

1. 按获得被测量结果的不同方式分类

按获得被测量结果的不同方式,可将测量方式分为三类。

1) 直接测量

直接测量时,测量结果是从一次测量的实验数据中得到的。此时,可以使用度量器直接参与被测量比较,从而得出被测数值的大小;也可以使用按相应单位刻度的仪表直接测量得出。例如用电压表测量电压和用电流表测量电流等,都属于直接测量。

2) 间接测量

间接测量时,测量结果是通过直接测量几个与被测量有一定函数关系的量得到的。例如测量导体的电阻系数时,可以通过直接测出该导体的电阻 R、长度 l 和截面 S 之值,然后按电阻与长度、截面的关系式

$$R = \rho \frac{l}{S}$$

求出电阻系数 ρ。

3) 比较测量

以被测量与同种类量的已知值相比较为基础的测量方法,称为比较测量。例如以电位差计测量电压等方法均属比较测量。

2. 按获得测量对象数值的不同方法分类

按获得测量对象数值的不同方法,又可将测量方法分为两种。

1) 直读测量法

直读测量法的实质,是根据测量仪表的读数来判断被测量大小,作为测量单位的

度量器并不直接参与测量。为了能直接读取被测量,这些测量仪表已按被测量的单位预先刻好分度,因而实际上也是与度量器的间接比较。

直读测量法,由于具有设备简单和试验方便等一系列优点,因而得到广泛应用,其缺点是测量准确度因受仪表准确度的限制而较低。

2)比较测量法

在测量过程中,被测量需要与度量器直接作比较的所有测量方法,都属于比较测量法。也就是说,比较测量法的特点,就是在测量过程中,要有度量器的直接参与。

1.2 测量误差分析

1. 误差的来源

在实际测量中,因受到各种因素的影响,所测量结果不是被测量的真值,而是近似值。由于被测量的真值通常是难以获得的,所以在测量技术中,常常把标准仪表的读数当做真值,称为实际值,而把测得的近似值称为测得值。被测量的测得值与实际值之间的差值,叫做误差。

根据产生误差的原因和性质不同,测量误差一般分为系统误差、随机误差(或偶然误差)和疏失误差三种。

1)系统误差

它是一种在测量过程中,保持不变或遵循一定规律而变的误差。造成系统误差的主要原因有:

(1)测量设备的误差

这种误差是由于度量器或仪器仪表具有固有误差,以及安装或配线不当等所引起的误差。为了消除这种误差,首先应对度量器或测量用仪器仪表进行检定,并在测量中引用其更正值;此外,还应注意安装质量和配线方式,必要时采用屏蔽措施来消除外部磁场和电场的影响。

(2)测量方法的误差

这种误差是由测量方法不完善而引起的误差。为消除此误差,在测量中要充分估计到漏电、热电势以及接触电阻等因素的影响。此外,在间接测量时,不宜采用近似公式进行计算,必要时还应采用特殊的测试方法,例如采用正负消除法以消除指示仪表的摩擦误差等。

(3)测量条件的误差

这种误差是由周围环境变化以及测量人员的视差等引起的误差。为此,应了解度量器和仪器仪表的使用条件,还要考虑到外界环境变化带来的附加误差。

2)随机误差

这是一种大小和方向都不固定的偶然性误差。实际测量中,即使在完全相同的测试条件下,重复测量同一被测量,其测量结果也往往不同,这表明随机误差的存在。

产生随机误差的原因很多,如温度、磁场、电场和电源频率等的偶然变化,都会引起随机误差。为了消除随机误差,可采用增加重复测试次数,然后取其算术平均值的方法来达到。测量次数越多,则其测量结果的算术平均值就越趋近于实际值。

3) 疏失误差

这是一种过失误差,是由于测试人员的疏失,如接线、读数或记录错误等造成的误差。为此,在测试中最好先用已知量,对线路和读数等进行验证。

2. 电工测量指示仪表的误差

电工测量类仪器仪表,无论制造得怎样精细,它的指示值与被测量的实际值之间,总会存在一定的偏差,这种偏差就叫做仪表的误差。仪表的误差越小,其指示值就会越准确。所以仪表的准确度也是以其误差的大小来区别的。但仪表准确度只能表明指示值与实际值之间的接近程度,并不是仪表的误差。如准确度为 0.5 级的仪表,其最大允许误差规定为±0.5%,而其实际误差可能是+0.4%,也可能是-0.3%,所以±0.5%只是指该级仪表所允许的最大误差限值。

1) 仪表误差的分类

① 基本误差:是仪表和附件在规定的条件下,由于结构和工艺上的不完善所产生的误差。因此,基本误差是仪表本身所固有的误差,是不可能完全消除的。确定仪表基本误差时所规定的条件,在国家标准中有具体的规定。也就是说,只有这些规定条件得到遵守时,仪表才能保证其基本误差。

② 附加误差:当仪表偏离了规定基本误差的工作条件时所产生的"额外"误差。附加误差在国家标准中做了具体规定。也就是说,当指示仪表工作在不同于基本误差的规定条件时,在测量中不仅要估计到仪表的基本误差,同时还要考虑到可能产生的附加误差。

2) 仪表误差的表示方法

表示仪表误差一般有下列三种方法:

① 绝对误差:仪表的指示值 A_x 与被测量的实际值 A_0 之间的差值 Δ,称为绝对误差,即

$$\Delta = A_x - A_0 \tag{1.1.1}$$

例如,若电流表指示值为 4.65 A,而其实际值为 4.63 A,则其绝对误差应为 +0.02 A。又如,若线圈电阻额定值为 1 000 Ω,而实际值为 1 000.5 Ω,则其绝对误差为 -0.5 Ω。可见,绝对误差具有正负之分,同时还具有与被测量相同的量纲。

此外,由式(1.1.1)可得

$$A_0 = A_x + (-\Delta) = A_x + C \tag{1.1.2}$$

式中:$C = -\Delta$,称为更正值。可见更正值和绝对误差大小相等而符号相反。引进更正值后,就可以对仪表指示值进行校正,使其误差得到消除。

② 相对误差:绝对误差 Δ 与被测量的实际值 A_0 的比值,叫做相对误差。相对误差没有量纲,通常用百分数来表示。如以 r 来表示相对误差,则

$$r = (\Delta/A_0) \times 100\% \quad (1.1.3)$$

相对误差不仅可以表示测量结果的准确程度,也便于对不同的测量方法进行比较。因为在测量不同的被测量时,不能简单地用绝对误差来判断其准确程度。例如,在测 100 V 电压时,绝对误差为 $\Delta_1=+1$ V;在测 10 V 电压时,绝对误差为 $\Delta_2=+0.5$ V,则从其绝对误差值来看:Δ_1 大于 Δ_2。但从仪表误差对测量的相对结果来看,却正好相反。因为测 100 V 电压时的误差,只占被测量的 1%,而测 10 V 电压时的误差,却占被测量的 5%,即在测 10 V 电压时,其误差对测量结果的相对影响更大。所以,在工程上通常采用相对误差来比较测量结果的准确程度。

由于被测量的实际值与仪表的指示值通常相差很小,所以也常用仪表的指示值 A_x 来近似地计算相对误差,即

$$r \approx (\Delta/A_x) \times 100\% \quad (1.1.4)$$

③ 引用误差:相对误差可以表示不同测量结果的准确程度,但却不足以说明仪表本身的准确性能。同一只仪表,在测量不同的被测量时,摩擦等原因所造成的绝对误差 Δ 变化不大,但随着被测量值的变化,仪表指示值 A_x 却在仪表的整个刻度范围内变化。因此,同一只表在按式(1.1.3)计算相对误差时,对应于不同的被测量就有不同的相对误差。这样,就难以用相对误差去全面衡量一只仪表的准确性能。例如,一只测量范围为 0~250 V 的电压表,在测量 200 V 电压时,绝对误差为 1 V,则其相对误差为 $r_1=1/200=0.5\%$;用同一只电压表测量 10 V 电压时,绝对误差为 0.9 V,其相对误差则为 $r_2=0.9/10=9\%$。可见,在被测量变化时,其相对误差也随着改变。

引用误差是指绝对误差 Δ 与仪表测量上限 A_m(即仪表的满量程)之比值的百分数。若用 r_m 来表示引用误差,则有

$$r_m = (\Delta/A_m) \times 100\% \quad (1.1.5)$$

1.3 电工测量仪表的工作原理

在电工实验中应用较多的是指针式电工仪表。这里主要介绍指针式电工仪表的工作原理。

指针式电工仪表种类很多,但是它们的主要作用都是将被测电量变换成仪表活动部分的偏转角位移。任何电工仪表都由测量机构和测量电路两大部分组成。

1) 测量机构

具有接受电量后就能产生转动的机构,称为测量机构。它由三部分组成:

① 驱动装置　产生转动力矩,使活动部分偏转。转动力矩大小与输入到测量机构的电量成函数关系。

② 控制装置　产生反作用力矩,与转动力矩相平衡,使活动部分偏转到一定位置。

③ 阻尼装置 产生阻尼力矩,在可动部分运动过程中,消耗其动能,缩短其摆动时间。

2) 测量电路

一定的测量机构借以产生偏转的电量是一定的,一般不是电流,便是电压或是两个电量的乘积。若被测量是其他各种参数,如功率、频率等,或者被测电流、电压过大或过小,都不能直接作用到测量机构上,而必须将各种被测量转换成测量机构所能接受的电量,实现这类转换的电路被称为测量电路。不同功能的仪表,其测量电路也是各不相同的。

1. 磁电式仪表

1) 磁电式仪表的结构及其工作原理

磁电式仪表是根据通电线圈在磁场中受到电磁力作用的原理制成的。

当永久磁铁磁场中的可动线圈通有电流时,线圈电流和磁场相互作用而产生转动力矩,使可动线圈发生偏转。根据左手定则可判断,在可动线圈的每个侧边上,将产生如图 1.1.1 所示的作用力 F,则有

$$F = BlNI \qquad (1.1.6)$$

式中:B 为空气隙的磁感应强度;l 为可动线圈每个受力边的有效长度;N 为可动线圈匝数;I 为通过可动线圈的电流。

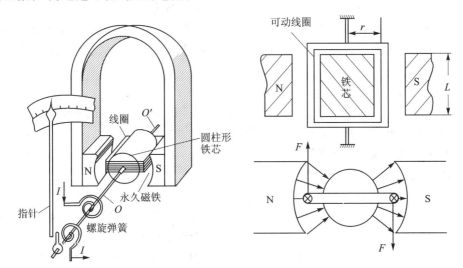

图 1.1.1 磁电式仪表结构

在图 1.1.1 所示电流和磁场的方向上,可动线圈将按顺时针方向旋转,其转动力矩为

$$M = 2Fr = 2rBlNI$$

式中:r 为转轴中心到可动线圈有效边的距离。考虑到可动线圈所包围的有效面积

$S=2rl$，则

$$M = BSNI \tag{1.1.7}$$

因此，只要可动线圈通有电流，在转矩 M 的作用下，仪表的可动部分将产生运动，表针就开始偏转。这时，如果没有一个反作用力矩与其平衡，则不论可动线圈中电流的大小，可动部分都要偏转到极限位置，直到指针受挡为止。这样的仪表只能反映被测量的有无，而看不出被测量的数值。为了使仪表指示出被测量的数值，就必须加入一个与转动力矩 M 相反的反作用力矩，并且它随可动线圈偏转角的增大而增加。当两个力矩相等时，可动部分就停下来，指示出被测量的数值。

用来产生反作用力矩的元件，通常是游丝或张丝。根据游丝的弹力或张丝的扭力与可动部分的转角成正比的特性，仪表的反作用力矩 M_α 为

$$M_\alpha = D\alpha$$

式中：D 为游丝或张丝的反作用力矩系数；α 为指针偏转角。

当可动线圈处于平衡状态时，有

$$M = M_\alpha$$

因此可得

$$\alpha = NBSI/D = S_1 I \tag{1.1.8}$$

式中：S 为可动线圈的有效面积；S_1 为电流灵敏度（$S_1 = NBS/D$）。

从 $S_1 = NBS/D$ 可见，电流灵敏度仅与仪表的结构和材料性质有关，对每一块仪表来说它是一个常数。从式（1.1.8）还可看出，仪表指针的偏转角 α 与通过可动线圈的电流 I 成正比。所以，磁电式仪表可用来测量电流，而且标度尺上的刻度是均匀的。

2）磁电式电流表电路原理

由磁电式仪表的原理可知，其测量机构可直接用来测量电流，而不必增加测量线路。但因被测电流要通过游丝和可动线圈，而可动线圈的导线很细，因此用磁电测量机构直接构成电流表只能测很小的电流（几十微安到几十毫安）。若要测量更大的电流，就需要加接分流器来扩大量程。

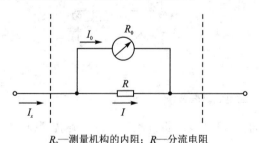

R_0——测量机构的内阻；R——分流电阻

图 1.1.2 电流表线路示意图

分流器是扩大电流量程的装置，通常由电阻担当。它与测量机构相并联，被测电流的大部分通过它。如图 1.1.2 是一个电流表线路示意图。

加分流电阻后，流过测量机构的电流为

$$I_0 = \frac{R}{R_0 + R} I_x \tag{1.1.9}$$

因此被测电流可表示为

$$I_x = \frac{R_0 + R}{R} I_0 = K_L I_0 \tag{1.1.10}$$

式中：K_L 为分流系数，它表示被测电流比可动线圈电流大了 K_L 倍。而对于某一个指定的仪表而言，调好后的分流电阻 R 是固定不变的，即它的分流系数 K_L 是一个定值，所以，该仪表就可以直接用被测电流 I_x 设置刻度，这就是常见的直流安培表。

加上分流器后，则

$$I_x = I_0 K_L \tag{1.1.11}$$

所以

$$R = \frac{R_0}{K_L - 1} \tag{1.1.12}$$

可见，当磁电式测量机构的量程扩大成 K_L 倍的电流表时，分流电阻 R 为测量机构内阻 R_0 的 $1/(K_L - 1)$。对于同一测量机构，如果配制多个不同的分流器，则可制成具有多量程的电流表。

多量程的电流表常采用闭合分流电路。此电路的优点是量程转换开关的接触电阻不影响仪表精度。

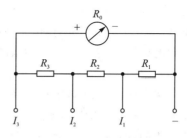

图 1.1.3 三量程直流电流表电路

如图 1.1.3 所示电路是一个采用闭合分流电路的三量程直流电流表，它由磁电系表头和电阻构成闭环分流电路。设其量程分别为 I_1、I_2 和 I_3，各挡的分流电阻分别为 R_{F_1}、R_{F_2}、R_{F_3}，各挡的扩流倍数分别为 F_1、F_2 和 F_3，则有：

$$R_{F_1} = R_1 \qquad R_{F_2} = R_1 + R_2 \qquad R_{F_3} = R_1 + R_2 + R_3$$

$$F_1 = \frac{I_1}{I_0} \qquad F_2 = \frac{I_2}{I_0} \qquad F_3 = \frac{I_3}{I_0}$$

当电流表工作在满量程电流为 I_1 挡时，根据欧姆定律，此时电流表的端电压为

$$U = I_0 R_0 = R_{F_1} (I_1 - I_0)$$

因此

$$\frac{R_0}{R_{F_1}} = \frac{I_1 - I_0}{I_0} = F_1 - 1$$

$$R_{F_1} = \frac{1}{F_1 - 1} R_0 \tag{1.1.13}$$

当电流表工作在满量程电流为 I_2 挡时，有

$$U = I_0 (R_0 + R_1) = R_{F_2} (I_2 - I_0)$$

因此

$$\frac{R_0 + R_1}{R_{F_2}} = \frac{I_2 - I_0}{I_0} = F_2 - 1$$

$$R_{F_2} = \frac{1}{F_2 - 1} (R_0 + R_1) \tag{1.1.14}$$

当电流表工作在满量程电流为 I_3 挡时，有

$$U = I_0(R_0 + R_1 + R_2) = R_{F_3}(I_2 - I_0)$$

因此

$$\frac{R_0 + R_1 + R_2}{R_{F_3}} = \frac{I_3 - I_0}{I_0} = F_3 - 1$$

$$R_{F_3} = \frac{1}{F_3 - 1}(R_0 + R_1 + R_2) \tag{1.1.15}$$

最后根据 R_{F_1}、R_{F_2}、R_{F_3} 与 R_1、R_2、R_3 的关系便可计算出各值。

3) 交、直流电压表测量电路

如果测量机构的电阻一定,则所通过的电流与加在测量机构两端的电压降成正比。磁电系测量机构的偏转角 α 既然可以反映电流的大小,则在电阻一定的条件下,当然也就可以用来反映电压的大小。但是,通常不能把这种测量机构直接作为电压表使用。这是因为磁电系测量机构允许通过的电流很小,所以它所能直接测量的电压很低(为几十毫伏);同时,由于测量机构的可动线圈、游丝等导流部分的电阻随温度变化的结果,将会导致很大的温度误差。

为了用同一个机构来达到测量电压的目的,需要采用附加电阻与测量机构相串联的方法。这样,既可以解决较高电压的测量,又能使测量机构电阻随温度变化引起的误差得以补偿。所以,磁电系电压表实际上是由磁电系测量机构和高值附加电阻串联构成的,如图 1.1.4 所示。这时,被测电压 U_x 的大部分降落在附加电阻 R 上,分配到测量机构上的电压 U_0 只是很小部分,从而使通过测量机构的电流限制在允许的范围内,并扩大了电压的量程。串联附加电阻后,机构中通过的电流为

$$I_0 = \frac{U_x}{R_0 + R} = \frac{U_x}{R_V} \tag{1.1.16}$$

由于磁电系测量机构的偏转角度与流过线圈的电流成正比,因此有

$$\alpha = S_I I_0 = S_I \frac{U_x}{R_0 + R} = S_U U_x \tag{1.1.17}$$

式中:S_U 为仪表对电压的灵敏度,$S_U = \frac{S_I}{R_0 + R}$;$S_I$ 为仪表对电流的灵敏度。

图 1.1.5 所示为单量程交流电压表。半波整流电路使得当 A、B 两测试端接入的电压 $U_{AB} > 0$ 时,表头才有电流流过,表头的偏转角与半波整流电压的平均值成正比。但是,在实际工程和日常生活中,常常需要测量正弦电压,并用其有效值表示。

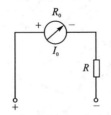
图 1.1.4 单量程直流电压表线路图

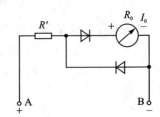
图 1.1.5 单量程交流电压表线路图

因此,万用表的交流电压的标尺是按正弦电压的有效值标度的,即标尺的刻度值为整流电压的平均值乘以一个转换系数(有效值/平均值)。半波整流的转换系数为

$$K = \frac{U}{U_{av}} = \frac{U_m/\sqrt{2}}{U_m/\pi} = 2.22$$

式中:U_{av} 为半波整流电压的平均值。

当被测量为非正弦波形时,其转换的系数就不再是 2.22。若仍用该测量方法,必然产生测量偏差,且该偏差会随被测波形与正弦波形的差异的增加而增大。

当电压表的量程为 U_N 时,表头满偏时的整流电流的平均值为 I_{av},则分压电阻值为

$$R_N = \frac{U_N}{2.22} \times \frac{1}{I_{av}} - R_0 \tag{1.1.18}$$

多量程直流、交流电压测量电路分别如图 1.1.6 和图 1.1.7 所示。

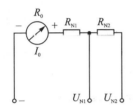

图 1.1.6 多量程直流电压表

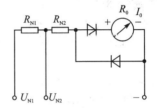

图 1.1.7 多量程交流电压表

2. 电磁式仪表的工作原理

电磁式仪表的结构有两种,即吸引型与排斥型。

1) 吸引型电磁式仪表

吸引型电磁式仪表的结构原理如图 1.1.8 所示。当电流通过固定线圈时,在线圈附近就有磁场产生,使可动铁片磁化,可动铁片被磁场吸引,产生转动力矩,带动指

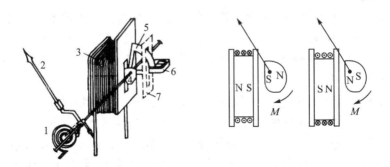

1—游丝;2—指针;3—固定线圈;4—可动铁片;5—扇形铝片;6—永久磁铁;7—磁屏

图 1.1.8 吸引型电磁式仪表结构及工作原理

针偏转。当线圈中电流方向改变时,线圈所产生的磁场和被磁化的铁片极性同时改变,因此磁场仍然吸引铁片,指针偏转方向不会改变。可见,这种仪表可以交、直流两用。实验室常用的 T19 型电流表和电压表就是吸引型电磁式仪表。

2）排斥型电磁式仪表

排斥型电磁式仪表的结构原理如图 1.1.9 和图 1.1.10 所示。

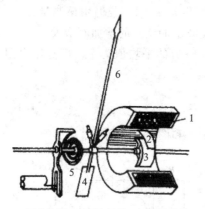

1—固定线圈；2—固定铁片；3—可动铁片；
4—空气阻尼器的翼片；5—游丝；6—指针

图 1.1.9　电磁式仪表结构

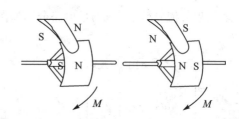

图 1.1.10　排斥型电磁式仪表中铁片的变化情况

图 1.1.9 中,当固定线圈通入电流后,电流产生的磁场使固定铁片和可动铁片同时磁化,同性磁极间相互排斥,使可动部分转动；当通入固定线圈的电流方向改变时,它所建立的磁场方向也随之改变,因此,两个铁片仍然互相排斥,转动力矩方向保持不变。因此它同样可以交流、直流两用。

3. 电动式仪表的结构和工作原理

1）电动式仪表的结构原理

电动式仪表的结构如图 1.1.11 所示。其测量机构的固定部分是两个固定线圈。固定线圈分成两个的目的是,可获得较均匀的磁场,同时又便于改换电流量限。活动部分包括:可动线圈、指针、阻尼扇等,它们均固定在转轴上。反作用力矩由游丝产生,游丝同时又是引导电流的元件。仪表的阻尼由空气阻尼装置产生。若把固定线圈绕在铁芯上,就构成铁磁电动式仪表。

当固定线圈通入直流时,便在线圈中产生磁场(其磁感应强度为 B_1)。若活动线圈的电流为 I_2,则可动线圈在磁场中将受电磁力 F 的作用而产生偏转。

如果电流 I_1 的方向和 I_2 的方向同时改变,则电磁力 F 的方向不会改变。也就是说,可动线圈所受到转动力矩的方向不会改变。因此电动式仪表同样也可用于交流。

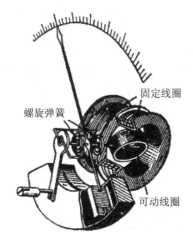
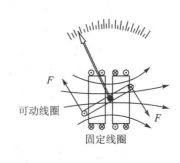

图 1.1.11 电动式仪表结构

2) 电动式功率表

电动式功率表的设计思想是在两个固定线圈输入负载电路的电流;同时将串有附加电阻 R 的活动线圈并接于负载两端,使活动线圈电流 I_V 与负载电压成正比,如图 1.1.12 所示。虚线方框部分为电动式功率表的测量电路。

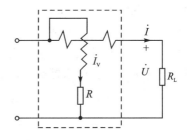

图 1.1.12 功率表电路

当负载电流 I 通过两固定电流线圈时,在线圈内就会产生磁场 B,活动电压线圈中的电流 I_V 在磁场 B 作用下,产生电磁力 F,使活动线圈带着指针发生偏转。电磁力 F 的大小与磁场强度 B 活动线圈电流 I_V 的乘积成正比,即

$$F = k_0 I_V I = k_1 UI$$

当测量正弦交流电路负载的功率时,若

$$u = U_m \sin \omega t$$
$$i = I_m \sin(\omega t + \phi)$$

则其瞬时值为

$$F = k_1 U_m \sin \omega t \cdot I_m \sin(\omega t + \phi) \tag{1.1.19}$$

其平均值为

$$F = k_1 UI \cos \phi \tag{1.1.20}$$

又因游丝弹力 $\qquad F_C = k_2 \alpha \tag{1.1.21}$

两力平衡时 $\qquad F = F_C \tag{1.1.22}$

因此 $\qquad \alpha = kUI \cos \phi \tag{1.1.23}$

式中,ϕ 为 U 和 I 的相位差角,即为负载的功率因数角。

当仪表做成后，k 值是一常数。因而偏转角 α 的大小反映了被测负载的有功功率（$UI\cos\phi$）。

指针偏转方向决定于转动力矩的方向，而转动力矩的方向决定于电流线圈的磁场方向和电压线圈中的电流方向。如果电流线圈的电流方向和电压线圈中的电流方向同时改变，则力矩方向不变；如果只有其中一个线圈的电流改变方向，那么力矩方向就会反过来，指针偏转方向也会反偏。

在功率表中，如果电流都从同名端（用"*"或"±"表示）流入或从同名端流出，且 $\phi<|90°|$ 时，仪表指针就向正向偏转。如果电流线圈的电流方向从同名端流入，电压线圈中的电流方向从同名端流出，且 $\phi>|90°|$，仪表指针就向反向偏转。

1.4 电工仪表的分类及标志

不同类型的电工仪表，具有不同的技术性能。为了便于选择和使用仪表，通常把这些不同的技术特性采用不同的符号标志，在仪表的标度盘或面板上标明。根据国家标准 GB 776—76 的规定，每只仪表应有测量对象单位、准确度等级、电流种类和相数、工作原理系别、使用条件组别、工作位置、绝缘强度实验电压、仪表型号以及各种额定值的标志。国家标准规定的各种符号标志列于表 1.1.1～表 1.1.9 中。

表 1.1.1 测量单位的符号

物理量	单位名称	符 号	换算关系
电 流	安	A	$1\text{ A}=10^{-3}\text{ kA}=10^3\text{ mA}=10^6\text{ μA}$
电 压	伏	V	$1\text{ V}=10^{-3}\text{ kV}=10^3\text{ mV}=10^6\text{ μV}$
电 阻	欧	Ω	$1\text{ Ω}=10^{-3}\text{ kΩ}=10^3\text{ mΩ}=10^6\text{ μΩ}$
电 容	法	F	$1\text{ F}=10^3\text{ mF}=10^6\text{ μF}=10^{12}\text{ pF}$
电 感	亨	H	$1\text{ H}=10^3\text{ mH}=10^6\text{ μH}$
功 率	瓦	W	$1\text{ W}=10^{-3}\text{ kW}=10^3\text{ mW}=10^6\text{ μW}$
频 率	赫兹	Hz	$1\text{ MHz}=10^3\text{ kHz}=10^6\text{ Hz}$
相位角		ϕ	—
功率因数		$\cos\phi$	—
无功功率因数		$\sin\phi$	—

表 1.1.2 仪表工作原理的图形符号

名　称	符　号	名　称	符　号	名　称	符　号
磁电式仪表	⌒	电动式仪表	⊟	感应式仪表	⊙
磁电式比率表	⋈	电动式比率表	⋈⋈	静电式仪表	⊥
电磁式仪表	⋀⋀⋀	铁磁电动式仪表	⊟	整流式仪表（带半导体整流器和磁电式测量机构）	⌒▷
电磁式比率表	⋈⋈	铁磁电动式比率表	⊟	热电式仪表（带接触式热变换器和磁电式测量机构）	⌒⊥

表 1.1.3 电流种类的图形符号

名　称	符　号	名　称	符　号	名　称	符　号
直流	══	交流（单相）	∼	具有单元件的三相平衡负载交流	≋

表 1.1.4 准确度等级的图形符号

名　称	符　号	名　称	符　号	名　称	符　号
以标度尺量限百分数表示的准确度等级 例如：1.5 级	1.5	以标度尺长度百分数表示的准确度等级 例如：1.5 级	⌄1.5	以指示值百分数表示的准确度等级 例如：1.5 级	①.5

表 1.1.5 工作位置的图形符号

名　称	符　号	名　称	符　号	名　称	符　号
标度尺位置为垂直的	⊥	标尺位置为水平的	⊓	标尺位置与水平面倾斜成一定角度，例如 60°	∠60°

表 1.1.6　绝缘强度的图形符号

名　称	符　号	名　称	符　号
不进行绝缘强度试验	☆0	绝缘强度试验电压为 2 kV	☆2

表 1.1.7　端钮、调零器的图形符号

名　称	符　号	名　称	符　号	名　称	符　号	名　称	符　号
正端钮	＋	公共端钮	✳	与外壳相连的端钮	⏚	调零器	⌒
负端钮	－	接地用的端钮	⏚	与屏蔽相连的端钮	○		

表 1.1.8　仪表的准确度等级标记

仪表的准确度等级	0.1	0.2	0.5	1.0	1.5	2.5	5.0
基准误差/%	0.1	0.2	0.5	1.0	1.5	2.5	5.0

表 1.1.9　按外界条件分组的图形符号

名　称	符　号	名　称	符　号	名　称	符　号
Ⅰ级防外磁场（例如：磁电式）	⌒	Ⅲ级防外磁场及电场	Ⅲ ⟦Ⅲ⟧	B组仪表	△B
Ⅰ级防外电场（例如：静电式）		Ⅳ级防外磁场及电场	Ⅳ ⟦Ⅳ⟧	C组仪表	△C
Ⅱ级防外磁场及电场	Ⅱ ⟦Ⅱ⟧	A组仪表	△A		

思考题

(1) 误差有几种测量方法？它们分别用于什么场合？

(2) 误差分为几种？它们各自产生的原因是什么？

(3) 仪表误差的表示方法有几种？

(4) 交、直流电压表分别测量的是什么值？

(5) 仪表的准确度是根据仪表的什么误差来分级的？这个误差如何表示？

(6) 目前我国直读式电工测量仪表准确度分为七级，它们是哪几级？哪一级准确度最高？

(7) 一块准确度为 2.5 级，其最大量程为 50 V，则可能产生的最大基本误差是多少？

(8) 一块准确度为 0.2 级，其最大量程为 50 V，则可能产生的最大基本误差是多少？

(9) 检定 2.5 级的量程为 100 V 的电压表，发现 50 V 刻度点的示值误差 2 V 为最大误差，问该电压表是否合格？

(10) 若测量 10 V 左右的电压，有两块电压表，其中一块的量程为 150 V、0.5 级，另一块是 15 V、2.5 级，问选用哪一块电压表测量更准确？

第 2 章 常用电工实验仪表

2.1 磁电式直流电表

电工实验用的 C31－μA/mA/A/V 型 0.5 直流电表是磁电式张丝支承结构携带式电表,供直流电路中测量电流和电压。仪表适用于周围环境温度为 (23 ± 10) ℃及相对湿度为 25%～80% 的条件下工作。

1. 性能指标

各磁电式直流电表的性能指标列于表 1.2.1。

表 1.2.1 各磁电式直流电表的性能指标

型号	量程	电阻或仪表压降	精度
C31—mA	1.5 mA～3 mA～7.5 mA～15 mA	$U \approx 10$ mV～20 mV	
	5 mA～10 mA～20 mA～50 mA	$U \approx 12$ mV～29 mV	
	100 mA～200 mA～500 mA～1000 mA	$U \approx 45$ mV	
C31—A	7.5 mA～15 mA～30 mA～75 mA～150 mA～300 mA～750 mA	$U \approx 27$ mV～45 mV	0.5
	1.5 A～3 A～7.5 A～15 A～30 A	$U \approx 45$ mV	
C31—V	1 A～3 A～10 A～30 A		
	2 V～5 V～10 V～20 V		
	50 V～100 V～200 V～500 V		

2. 使用方法及注意事项

① 仪表使用时应放在水平位置,并尽可能远离电流导线或强磁场,以避免产生附加误差。

② 仪表指针若不在零位,可利用仪表壳上的调节器将其调整到零位。

③ 仪表在测量电流时,应串入电路;测量电压时,应并入电路。

④ 仪表接入电路前,必须对电路中的电流或电压强度进行理论计算,以免过载而损坏仪表。

2.2 电磁式交直流电表

实验室用的 T19—A/V 型电磁式交直流电表是电磁式张丝支承结构携带式指示仪表,供直流电路和交流额定频率为 50～60 Hz 电路中测量电流和电压。

仪表按使用条件属 P 组,适用于周围环境温度为(23±10)℃以及相对湿度为 25%～80% 的条件下工作。

1. 性能指标

T19—mA/A/V 型电磁式交直流电表的性能列于表 1.2.2。

表 1.2.2 电磁式交直流电表的性能指标

型 号	量 程	电阻/Ω	电感/mH	精 度
T19—mA	50 mA～100 mA	124～31	120～30	
	250 mA - 500 mA	4.4 - 1.1	4 - 1	
T19—A	0.5 A～1 A	1.08～0.27	1.2～0.3	0.5
	2.5 A～5 A	0.08～0.02	0.04～0.01	
T19—V	150 V～300 V	5 000～20 000		
	300 V～600 V	12 000～53 000		

2. 使用方法及注意事项

① 仪表使用时应放在水平位置,并尽可能远离电流导线或强磁场,以免产生附加误差。

② 仪表指针若不在零位,可利用仪表壳上的调节器将其调整到零位。

③ 根据所需测量范围,按图 1.2.1 将仪表接入线路。

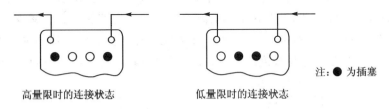

图 1.2.1 仪表的连接状态

④ 连接负载的导线必须与仪表紧固连接,并应根据负载大小选择足够绝缘能力和截面的导线。

⑤ 仪表用于直流电路测量时,为消除剩磁误差,提高测量精度,可将接线端钮互换,取两次读数的平均值。

2.3 电动式功率表

实验室用的 D26 型携带式 0.5 级电动式功率仪表,供直流电路和交流额定频率为 50~60 Hz 电路中测量功率。该仪表适用于周围环境温度为 (23 ± 10)℃ 及相对湿度为 25%~80% 的条件下工作。

1. 性能指标

D26 型电动式功率表的性能指标列于表 1.2.3。

2. 使用方法及注意事项

① 仪表使用时应放在水平位置,并尽可能远离电流导线或强磁场,以免产生附加误差。

② 仪表指针若不在零位,可利用仪表壳上的调节器将其调整到零位。

表 1.2.3　电动式功率表的性能指标

型号	额定电压/V	额定电流/A	精度
D26—W	75~150~300	0.5~1	0.5
	75~150~300	1~2	
	125~250~500	2.5~5	
	150~300~600	5~10	
D34—W	75~150~300	0.5~1	0.5
	75~150~300	1~2	

③ 仪表在测量功率时有如图 1.2.2 所示两种接法。其中,图 1.2.2(a) 是先把电压线圈与负载并联,然后再与电流线圈串联。图 1.2.2(b) 是先把电流线圈与负载串联,然后再与电压线圈并联,两种接法都能保证指针正向偏转。为了减少测量误差,当负载为低阻抗负载时,采用图 1.2.2(a) 的接法;当负载为高阻抗负载时,采用图 1.2.2(b) 的接法。电压线圈与电流线圈不能接错,若将电流线圈与负载并联,电压线圈与负载串联,仪表要烧坏。

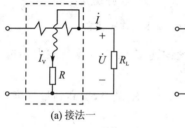
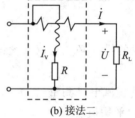

图 1.2.2　功率表的两种接法

④ 仪表接入电路前,必须对电路中的电流或电压强度有所计算,以免过载而损坏仪表。

⑤ 功率表数据读取方法:由于功率表是多量程的仪表,表面的标度尺上只标有分格数。选用不同的电流量程和电压量程时,标度尺的满刻度有不同的功率值。使用时,要注意被测量的实际值与指针读数之间的换算关系。可按下式计算被测功率的数值:

$$P = \frac{U_N I_N}{W_N}\alpha_N = K\alpha_N \tag{1.2.1}$$

$$K = \frac{U_N I_N}{W_N} \tag{1.2.2}$$

式中:U_N 为所使用的电压线圈的额定值;I_N 为所使用的电流线圈的额定值;W_N 为功率表标度尺的满刻度的格数;α_N 为指针的读数(指针指示的格数);K 为功率表分格常数,表示指针偏转一格指示的功率数,单位为瓦/格。

【例 1.2.1】 有一功率表,电压线圈选用"*"和 250 V 两个接线端,电流线圈选用"*"和"0.5 A"两端,仪表的满刻度格数为 125。若该功率表的功率因数 $\cos\phi_N = 1$,现指针的指示读数为 40,求被测功率的数值。

解:
$$K = \frac{U_N I_N}{W_N} = \frac{250 \text{ V} \times 0.5 \text{ A}}{125 \text{ DIV}} = 1 \text{ W/DIV}$$
$$P = K\alpha_N = 1 \text{ W/DIV} \times 40 \text{ DIV} = 40 \text{ W}$$

2.4 万用表

1. 简　述

指针式万用表是一种功能多、用途广泛的小型测量仪表,有多种型号。不论何种型号,它们的结构基本相似,都是由一个磁电式测量机构(俗称表头)、测量电路和转换开关等组成。面板上还配有机械零位调整螺丝、零欧姆调节电位器和输出测量插孔等。

MF—30 型万用表面板如图 1.2.3 所示,它具有 18 挡量程,可分别测量交直流电压、直流电流、电阻及电平,通过改变面板上转换开关的挡位,来改变测量电路的结构,以获得各种功能的测量要求。由于多种被测量共用一个表头,因此面板表盘上有相应的几条标度尺,使用前要熟悉每个标度尺上的刻度及所指示的被测量。

2. 技术性能

MF—30 型万用表的技术性能列于表 1.2.4。

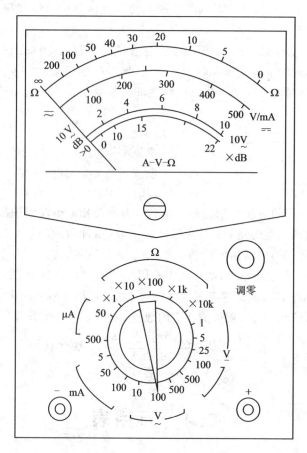

图 1.2.3　MF—30 型万用表面板图

表 1.2.4　MF—30 型万用表的技术性能

测量项目	标记符号	测量范围	灵敏度或电压降	精　度	备　注
直流电压	V̲(或 V)	1 V～5 V～25 V	20 000 Ω/V	2.5	
		100 V～500 V	5 000 Ω/V		
交流电压	V(或 V)~	10 V～100 V～500 V	5 000 Ω/V	5.0	正弦交流电压频率 45～1 000 Hz
直流电流	μA 或 mA	50 μA	0.045 V	2.5	
		0.5 mA～5 mA～50 mA～500 mA	0.3 V		
电阻	Ω	×1, ×10, ×100, ×1k	25 Ω 中心电阻	2.5	1.5 V 干电池
		×10			15 V 叠层电池
音频电平	dB	−10～+22 dB		5.0	

3. MF—30 型万用表测量原理和使用方法

1) 直流电流的测量

MF—30 型万用表是由一个 50 μA 的表头(测量机构)和分流支路构成。通过分流支路可以扩大电流量程，从而构成多量程电流表，如图 1.2.4 所示。

测量时，先将转换开关旋在合适的电流量程挡位上，再把面板上的两个正、负测量插孔通过测试棒串接在被测电路中，被测电流经电表使指针偏转，从标度尺上就可读出被测值。

万用表的内阻会影响被测电路的工作情况。表 1.2.5 列出了各量限挡级的电表内阻及满偏时的电表总压降，使用时应正确选择量程，以减小由于内阻造成的测量误差。

表 1.2.5　MF—30 型万用表各挡内阻及满量程时电表总压降

量程	50 μA	500 μA	5 mA	50 mA	500 mA
电表总内阻	1.5 kΩ	0.555 kΩ	59.55 kΩ	约 6 Ω	约 0.6 Ω
满量程时电表压降	75 mV	277.5 mV	约 300 mV		

2) 直流电压的测量

MF—30 型万用表 50 μA 表头本身就是一只量程为 75 mV(50 μA×1.5 kΩ)的电压表，通过串联不同的倍压电阻就可扩大电压量程。图 1.2.5 给出了量程为 1 V、5 V、25 V 的线路图。

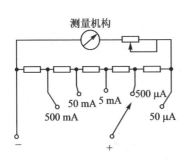

图 1.2.4　测量直流电流的电路图

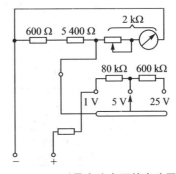

图 1.2.5　测量直流电压的电路图

测量时，先将转换开关旋在合适的量程挡位上，然后将测试棒通过测量插孔连接于被测电路上进行电压的测量。

不同电压挡的电表内阻是不相同的，万用表是以电压挡的灵敏度＝R_i/V_N(单位为 Ω/V)来说明这个特征的，其中，R_i 为某电压挡级电表的总内阻，V_N 为电压量限。在设计 MF—30 型万用表电路时，将电压测量灵敏度分为两种。表 1.2.6 列出了各电压挡级(量程)的灵敏度和总阻值。

表 1.2.6　MF—30 型万用表电压挡的灵敏度和总电阻

量程/V	1	5	25	100	500
灵敏度/(kΩ·V^{-1})		20			5
总阻值/kΩ	20	100	500	500	2 500

电压表的内阻愈大,从被测电路取用的电流愈小,从而对被测电路影响愈小。当被测电路等效内阻很大时,电压表对被测电路的影响就大,因此宁可选电压量程高一些的挡位,使电表内阻增大,以减小测量误差。

3) 交流电压的测量

万用表的测量机构是磁电系仪表,它只能用来测量直流。为了测量交流电,MF—30 万用表采用二极管半波整流电路,如图 1.2.6 所示。

正弦交流电通过半波整流电路,表头的读数是该半波电流的平均值,而刻度尺上所标出的刻度是已折算好的正弦交流电的有效值。因此,MF—30 型万用表的交流电压挡只能测量正弦交流电压,且仅适用于 45～1 000 Hz 的频率范围。

测量交流电压的方法与测量直流电压的方法相似,测量 10 V 以上的电压用同一个标度尺。而测量 10 V 以下的电压时,由于整流二极管非线性的影响不能忽视,因而 MF—30 型万用表特设置一条 10 V 的专用标度尺。

4) 电阻的测量

用万用表测量电阻时,表内配有电源(干电池)和附加电阻等,与 50 μA 表头组成一个可测电阻的电路,如图 1.2.7 所示。

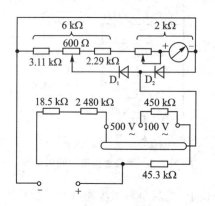
图 1.2.6　测量交流电压的电路图

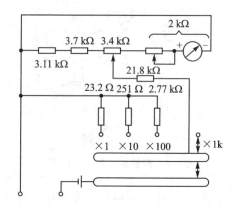
图 1.2.7　测量电阻的电路图

万用表测电阻时的内部电路可等效成一个电压源,如图 1.2.8 所示。当外接被测电阻为零(两支表笔短接)时,表头内通过的电流最大(50 μA),指针满偏转,而"Ω"标尺刻度值为"0";当外接被测电阻为无穷大时(两支表笔断开),表头内无电流流过,指针不动,"Ω"标尺刻度值为"∞";当外接被测电阻为表的某挡位总内阻(即该挡位等效电压源内阻)时,表头内通过的电流为满偏值的一半(25 μA),指针在中心位置,所以表的总内阻常称为中值电阻。MF—30 型万用表 $R\times 1$ 挡的中值电阻为 25 Ω,不同量程挡的中值电阻也不同。如表 1.2.7 所列。

为了能获得较大的测量范围,MF—30 型万用表设有五个"Ω"挡位,它们同用一个"Ω"标尺;读数时,应乘以该"Ω"挡位的倍率。

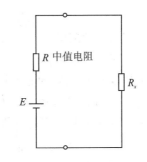

图 1.2.8 电阻量程挡的等效电路

万用表电阻挡所用干电池随使用时间的持续,电池两端的电压会因其内阻的增大而逐渐降低。这将影响满偏电流值。为此,设计时在测量电路中串入一个调零电位器,来调节因电池变化而产生的偏差。在被测电阻为零时,调节调零电位器,使其指针偏转到"Ω"刻度的零位。

表 1.2.7　MF—30 型万用表不同电阻量程挡的中值电阻

测量挡位及倍率	$R\times 1$	$R\times 10$	$R\times 100$	$R\times 1k$	$R\times 10k$
中值电阻	25 Ω	250 Ω	2 500 Ω	25 kΩ	250 kΩ

因此,测量之前要先将两根测试棒短接,转动该调零电位器,使指针指在"Ω"刻度零位上,然后再进行电阻的测量。MF—30 型万用表在 $R\times 1$ 挡短接时,最大电流约为 60 mA,所以在这一挡短接调零时的速度要快,用以延长干电池的使用寿命。表内还附设有 15 V 的叠层电池,专供大电阻 $R\times 10k$ 挡使用。

注意:

1. 在测量电阻时,必须先切断电路中的电源;如果电路中有电容则应先将电容放电。切勿测量带电电阻。且被测电阻不能与其他元件或电路连成回路,否则测量结果不准确。

2. 不能误将欧姆挡当成电压挡或电流挡使用,否则将会损坏电表。

3. 要养成良好的使用习惯:当使用完电表后,应将转换开关旋在交流 500 V 挡位上,以防他人未换挡误测而损坏电表;万用表长期不用,应取出干电池,以防止电液溢出腐蚀和损坏其他元件。

5) 音频电平测量

音频电平被用以测量放大级的增益和线路输送中的损耗,其单位以 dB(分贝)表示。

音频电平与功率、电压的关系式是:

$$K = 10\lg\frac{P_2}{P_1} = 20\lg\frac{U_2}{U_1}$$

式中,P_2、U_2 分别为被测功率和被测电压。

音频电平的刻度按 0 dB 等于 1 mW,600 Ω 输送线标准设计,即

$$U_1 = \sqrt{P_1 Z} = (\sqrt{0.001 \times 600}) \text{ V} = 0.775 \text{ V}$$

音频电平的测量方法:将转换开关旋至适当的交流电压挡位,使指针有较大的偏转。若被测电源带有直流分量,应在仪表正插口上串接一个大于 0.1 μF 的电容。音频电平是以交流 10V 的标度尺为基准刻度,标尺指示值为 $-10 \sim +22$ dB;当被测值大于 +22 dB 时,可将转换开关转至 100 V 或 500 V 挡位上测量,仍按 dB 标尺读数,但指示值按表 1.2.8 所列数值进行修正。

表 1.2.8 音频电平测量指示值修正

量 限	电平刻度增值/dB	音频电平的测量范围/dB
100 V	20	$+10 \sim +22$
500 V	34	$+24 \sim +56$

【例 1.2.2】 用 100 V 挡位测量一个音频电平值,仪表指示为 10 dB,其实际分贝值应为

$$10 \text{ dB} + 20 \text{ dB} = 30 \text{ dB}$$

在其测量机构上并接两个保护硅二极管(2CK),其作用是电流过载时对表头产生保护;在总电路上还串接一个 0.5 A 的保险丝,以防止由于误操作而烧毁电表,起到保护作用。

4. 万用表使用注意事项

① 测量前应注意转换开关位置是否正常,严禁用电流、电阻挡测电压,否则会烧坏电表。

② 选择适当量程:要根据被测量的大小,选择适当量程。尽量使指针偏转的角度大一些,测量结果才比较准确。如果测量时,不清楚被测量的大小,为防止指针打坏,应将量程放在最高挡上,然后为减小误差,再拨到合适的量程上测量,注意不可带电转换量程。

③ 测量直流电时,要注意极性。

④ 万用表只能测量正弦量的有效值,而不能测量非正弦量。

⑤ 禁止带电测电阻,以免烧坏万用表。测量电阻时,应先调零。测量高值电阻时,手不要碰测试棒,以免并联人体电阻导致造成测量误差。

⑥ 用完万用表后,应将转换开关旋到交流电压的最高量程挡,以免下次使用时,因忘记调量程挡位直接测量而造成仪表的损坏。

2.5 兆欧表

兆欧表是专门测量电气设备绝缘电阻的一种可携式仪表,俗称摇表,在电气安装、检修设备和实验工作中应用广泛。兆欧表本身备有高压电源和相应的测量机构,

表盘刻度为"兆欧"。

1. 技术性能

兆欧表的技术性能列于表 1.2.9。

表 1.2.9 兆欧表的技术性能

型　号	量程/MΩ	额定电压/V	精　度
ZC—7	1~1 000	500	1.0
	2~2 000	1000	
ZC11—3	0~2 000	500	
ZC25—3	0~500	500	

2. 使用方法及注意事项

① 合理选择兆欧表的额定电压。通常对额定电压在 500 V 以下的用电设备，选用 500 V 的兆欧表；500 V 以上的用电设备则要选择更高额定电压的兆欧表。

② 被测量的电气设备必须断电。对容量较大的设备，要进行接地放电后，方可进行测量。

③ 测量前应检查兆欧表的好坏。方法是：断开测量端，摇动兆欧表，指针应指在"∞"位置；短接测量端，摇动兆欧表，指针应指在"0"位置。

④ 接线必须正确。在测量一般设备的绝缘电阻时。只需将被测物接在"L"、"E"两端间（即"相"、"地"端）。

⑤ 测量时，应尽量均匀摇动兆欧表，切忌忽快忽慢，待指针基本稳定后读数。测量时，手摇发电机的转速要保持约 120 r/min。

⑥ 测量中不要用手触摸被测物；测量结束时，必须在兆欧表停止摇动、被测物对地放电后，方可拆线，以避免被兆欧表发电机的电压电击。

⑦ 在测量具有大电容设备的绝缘电阻之后，必须先将被测物对地放电，而后停止摇动兆欧表，以防电容放电损坏兆欧表。

2.6　手持数字转速表

1. 概　述

实验室用的 SZG—20B 型手持数字转速表，是一台测量范围广、精度高、能直接测量各种机器设备的转速和线速度的转速表。仪表采用数字显示，直观准确，使用方便，体积小，便于携带。

2. 外形图

SZG—20B 型手持数字转速表外形图如图 1.2.9 所示。

3. 技术性能

① 测量范围：10～25 000 r/min。

② 基本误差：仪表的基本误差限应不超过 $\pm 0.05\% \times N_b$。其中，N_b 为标准转速值(r/min)。

注：当基本误差限小于显示值末位 1 个字时，基本误差限以 ±1 个字计之。

③ 显示方式：五位液晶数字显示。

④ 采样时间：1 s。

⑤ 工作温度范围：5～40 ℃。

⑥ 启动力矩：不大于 4.9×10^{-4} N·m。

⑦ 供电电源：5 号电池 3 节。

⑧ 外形尺寸：42.5 mm × 58 mm × 166 mm(高×宽×深)。

⑨ 质量：160 g。

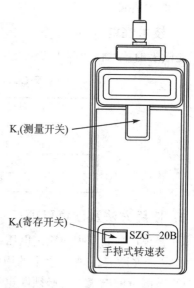

图 1.2.9　SZG—20B 转速表外形图

4. 使用说明

1) 面板开关功能介绍

面板布置如图 1.2.9 所示。

K_1 是测量开关，按下为接通电源，可进行测量，读数为被测转速值。K_2 是寄存开关，在不接通测量开关时，按下此开关能显示出测量开关松开时的最后一次测量值。

2) 测量方法

选用合适的测量附件(测线速时用线速盘)，装在仪表测轴端部，按下 K_1 开关，液晶屏上显示应为 "0 r/min"。仪表转轴与被测轴接触，接触时动作应缓慢，同时应使两轴保持在一条直线上。当测量转速时，显示器的读数即为转速值；当测量线速时，显示器的读数为实际线速值的 10 倍，单位为 m/min。

5. 注意事项

① 测量时测轴与被测轴不宜顶得过紧，以两轴接触不产生相对滑动为宜。

② 测量结果与被测轴旋转方向无关。

③ 接通测量开关(K_1)时，若电压报警 "BATT" 标志出现，应及时更换电池。

2.7　电工仪表使用说明

针对多年来学生做电工实验出现的情况，提出以下电工测量要注意的若干问题，以供初学者使用电工仪表时参考。

1. 直流实验(三表)

1) 直流电流表——C31—A 型直流电流表

① 使用直流电流表 C31—A 测量直流电流时,要注意直流电流表是串联在待测直流电流的电路中。由于每次实验都需测量多个支路的电流,所以电流表 C31—A 在使用时必须与自制的电流插座盒共同使用。自制的电流插座盒的介绍见第 2 章。

② 直流电表有正负之分,电流插座与电流表 C31—A 连接时,应注意将红接线柱与电流表的正接线柱相连,黑接线柱与电流表的负接线柱相连。实际测量时若发现指针反偏,则将红、黑接线柱的连线交换,在所得数据前加上负号,表示与参考方向相反。

③ 直流电流表 C31—A 有多个量程可供选择。若需选择某个量程,只要将塞棒插入所选量程下的圆孔即可。

2) 直流电压表——C31—V 型直流电压表

① 使用直流电压表 C31—V 测量直流电压时,要注意直流电压表是并联在待测电路中。

② 直流电压表无须固定在直流电路里,需要测量某两端电压时,就将直流电压表的测试棒与在这两端并联接触。在测试中应注意电压表的正接线柱与红测试棒相连,电压表的负接线柱与黑测试棒相连。实际测量时将红测试棒搭在直流电路中的高电位,黑测试棒搭在直流电路中的低电位。若发现指针反偏,则将测量点交换,所得数据前加上负号,表示与参考方向相反。

③ 直流电压表 C31—V 有多个量程选择,若需选择某个量程,只要将塞棒插入所选量程下的圆孔即可。

3) 万用表——MF—30 型万用表

① MF—30 型指针万用表是一种多功能的小型测量仪表,具有 18 挡量程选择,可分别测量交流和直流电压、直流电流、电阻和电平。由于多种被测量共用一个表头,因此面板表盘上有相应的几条标度尺,使用时将红表笔插入正连接孔,黑表笔插入负连接孔。

② 测量电阻时,量程选择挡位有 $R \times 1$、$R \times 10$、$R \times 100$、$R \times 1k$、$R \times 10k$ 五挡,其中 $R \times 1$、$R \times 10$、$R \times 100$、$R \times 1k$ 四挡由一节 1.5 V 电池供电,$R \times 10k$ 挡由 15 V 电池供电;实际测量某未知电阻时,选择 $R \times 10$ 或 $R \times 100$ 的电阻挡位,在测量电阻之前,必须进行调零(红、黑表笔短接后,转动调零电位器,使指针指在"Ω"刻度零位上),调零后再进行电阻测量;若发现所选电阻挡位不合适,应重新选择挡位并进行调零,直到指针位置适于读数为止(指针位置在满偏值的 2/3 以下)。

③ 测量直流电压时,量程选择挡位有 1、5、25、100、500 V 五挡;实际测量时选择合适的量程,若所测值未知,则从较大量程试起;测量时红表笔搭接在电路中的高电位,黑表笔搭接在低电位,在 ∞、V/mA 刻度上具体读数。

④ 测量交流电压时,量程选择挡位有 10、100、500 V 三挡;实际测量时选择合适的量程,若所测值未知,则从较大量程试起;由于是交流电所以测量时对表笔没有要求,当量程选择挡位是 100 或 500 V 时,在 ∽、V/mA 刻度上具体读数;当量程选择挡位是 10 V 时,在 10 V 刻度上具体读数。

⑤ 测量直流电流时,量程选择挡位有 50 μA、500 μA 和 5 mA、50 mA、500 mA 五挡;实际测量时选择合适的量程,若所测值未知,则从较大量程试起;由于所测量为直流电流,所以测量时万用表应串联在直流电路中,具体操作如下:断开所测支路的连线,红表笔搭接在电路中的高电位,黑表笔搭接在低电位,在 ∽、V/mA 刻度上具体读数。

总结:由于万用表是一种多用途的测量仪表,所以使用时要特别小心;测量直流电流时,万用表应串联在直流电路中,千万不能并联;测量电阻时,必须先切断电路中的电源,如果电路中有电容则应先放电,切勿测量带电电阻,且被测电阻不能与其他元件或电路连成回路,否则测量结果不准。

总之,在使用万用表测量被测量时,先选择好合适恰当的量程挡位后,确认好串、并联关系后,再测量被测量;使用完毕,应将量程转换开关旋在交流 500 V 挡位上。

2. 交流实验(交流三表)

1) 交流电流表——T21—A 型交流电流表

① 交流电流表 T21—A 测量交流电流时,应串联在待测交流电流的电路中;由于每次实验都需要测量多个支路的电流,所以电流表 T21—A 在使用时必须与电流插头共同使用。由于测量的是交流电流,所以电流插头与电流表的连线没有方向要求。

② T21—A 型交流电流表有两个量程:当选择小量程时,两个连接片连接在中间两个接线柱上,电流插头上的两个接线叉接在两边的接线柱上;当选择大量程时,两个连接片分别连接在左右两边的接线柱上,电流插头的接线方式不变。

2) 交流电压表——T21—V 型交流电压表

① 交流电压表 T21—V 测量交流电压时,应并联搭接在待测交流电路中;由于所测量为交流信号,所以表笔与电压表的连接没有方向要求。

② T21—V 型交流电压表有两个量程,最左边的接线柱是公共端,中间的接线柱是 300 V 量程选择,最右边的接线柱是 600 V 量程选择,测量时根据所测量的大小,选择合适的量程。

3) 功率表——D26—W 型功率表

① D26—W 型功率表可供直流电路和交流频率为 50~60 Hz 的电路测量功率。

② 功率表由电压、电流两个线圈组成;电压量程分三挡,最左边的接线柱为电压同名端(输入端),并排的三个为电压量程选择,可根据所测量的电压等级来选择;电流线圈有 0.5 A 和 1 A 两种量程,两个连接片把四个接线柱两两相竖连接时为 1 A

量程；具体测量连线时电压线圈应并联在所测电路中，电流线圈应串联在所测电路中，电路中无论电压还是电流的大小都不能超过所选的量程。

③ 被测量的读数根据指针指示的位置，在结合功率表所选电压以及电流的量程确定每格代表多少瓦决定；若接线时未考虑方向，指针发生反偏，则可调节右下角的极性选择开关，使指针指向正确读数。

思考题

(1) 一块万用表的直流电流挡的准确度是 1.0 级，用 1 mA 挡去测量接近 1 mA 的电流时，其允许的最大绝对误差是多少？相对误差是多少？若用 1 mA 挡去测量接近 100 μA 的电流，其允许的最大绝对误差是多少？相对误差是多少？

(2) 万用表 $R \times 10k$ 挡的中值电阻为多少？

(3) 功率表上的"*"号表示什么？功率表是怎么接到被测量端的？

(4) 功率表测量时如何读数？

(5) 有一功率表，电压线圈选用"*"和 250 V 两个接线端，电流线圈选用"*"和"0.5 A"两端，仪表的满刻度格数为 125，若该功率表的 $\cos \phi_N = 1$，现指针的指示读数为 60，被测功率的数值是多少？

(6) 不拆线，如何将直流表接到电路中？

(7) 直流电压表的使用方法及注意事项是什么？

(8) 为什么在测量电阻时，必须先切断电路中的电源，若电路中有电容还应先放电？

(9) 万用表使用完毕应将量程转换开关旋在什么位置？

(10) 方波电压能不能用万用表测量？为什么？

第 3 章 常用电工实验仪器

3.1 双踪示波器

通用示波器是一种能将随时间周期性变化的电压用图形显示出来的电子仪器,可用来观察电压(或转换成相应的电流)的波形,测量电压幅度、频率和相位等。因此,它是电工电子实验中必不可少的重要测量仪器。

1. 示波器的结构及原理简述

通用示波器原理结构框图如图 1.3.1 所示。

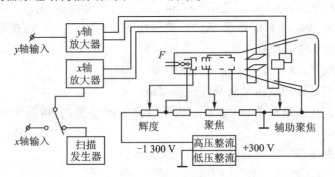

图 1.3.1 示波器的原理结构框图

电子示波器主要是由示波管及其显示电路、垂直偏转系统(y 轴信号通道)、水平偏转系统(x 轴信号通道)和标准信号发生器、稳压电源等几大部分组成。其中,示波管是示波器的核心部件。下面分别简要介绍。

1) 示波管

普通示波管的结构主要是由电子枪、偏转系统和显示屏等组成,如图 1.3.2 所示,它是把电信号变成光信号的转换器。

电子枪发射电子并形成很细的高速电子束。

两对相互垂直的金属板构成示波器 y 轴和 x 轴的偏转系统。y 轴偏转板在

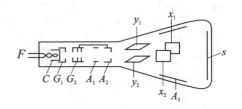

图 1.3.2 普通示波管结构示意图

前,x 轴偏转板在后,两对板间各自形成静电场。被测信号电压作用在 y 轴偏转板上,x 轴偏转板上作用着锯齿波扫描电压。通过作用在这两个偏转板上的电压控制

着从阴极发射过来的电子束在垂直方向和水平方向的偏转。荧光屏内壁沉积有荧光物质,形成荧光膜。荧光膜受到电子冲击后,能将电子的动能转化为光能,形成亮点。当电子束随信号电压偏转时,这个亮点的移动轨迹就形成了信号的波形并显示在荧光屏上。为了测量波形的高度或宽度,在荧光屏玻璃内侧刻有垂直和水平方向的分刻度线,使测量准确度提高。

2) 垂直偏转系统

y 轴通道把被测信号电压调节(放大或衰减)到适当的幅度,然后加在示波管的垂直偏转板上。

3) 水平偏转系统

扫描发生器产生一个与时间成线性关系的周期性锯齿波电压(又称扫描电压),经过 x 轴通道放大以后,再加在示波管水平偏转板上。这部分也称为扫描时基部分。

4) 电源部分

向示波管和其他电路提供所需的各组高低压电源,以保证示波器各部分正常工作。

2. DF4320 双踪示波器的主要技术指标

1) 示波管

- 刻度:8 格×10 格(1 格=1 cm);
- 加速电压:2 000 V;
- 发光颜色:绿色。

2) 垂直偏转系统

- 频带宽度:0~20 MHz,
  灵敏度为 5 mV/DIV~20 V/DIV,按 1—2—5 顺序分 12 挡,
  上升时间不高于 17.5 ns;
- 微调控制范围:2.5∶1;
- 输入阻抗:直接　　1 MΩ±2%/±5 pF,
  经探头×1 位置　　1 MΩ±3%/1 700 pF±10pF,
  经探头×10 位置　　10 MΩ±5%/23 pF±3 pF;
- 最大输入电压:直接　　　　　　　250 V(直流+交流峰值),
  经探头置"×10"位　　600 V(直流+交流峰值);
- 极性转换:仅通道 2 具备。

3) 水平偏转系统

- 扫描方式:(AUTO)自动扫描,(NORM)触发扫描;
- 扫描时间范围:0.2 s/DIV~0.1 μs/DIV,以 1—2—5 顺序分 20 挡;
- 精度:在中央 8 格范围内:≤5%。

4) 扫描扩展

5 倍(最高扫描速度:20 ns/DIV)。

5) 机带测试信号

- 波形:方波;
- 频率:1 kHz,精度±5%;
- 输出电压:V_{P-P} 为 0.5 V。

6) 电源电压

- 幅度:(220±0.1) V;
- 频率:48~62 Hz;
- 功率:约 40 W。

3. 面板控件简介

DF4320 双踪示波器面板图如图 1.3.3 所示,各控制件功能列于表 1.3.1。

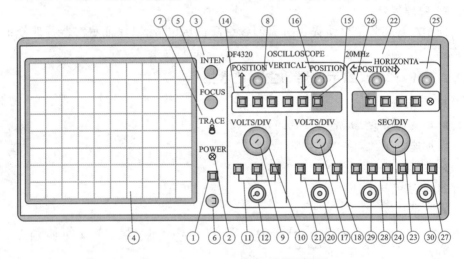

图 1.3.3 DF4320 双踪示波器面板图

表 1.3.1 DF4320 型双踪示波器的面板控制件、插座、指示器的名称和功能简介

序 号	名 称	功 能
1	POWER 电源开关	电源接通或关闭
2	POWER INDICATOR 电源指示	电源接通时指示灯亮
3	INTENSITY 亮度调节旋钮	轨迹亮度调节
4	示波屏	显示电压波形
5	FOCUS 聚焦	轨迹清晰度调节
6	PROBE ADJUST 测试信号输出	提供幅值为 0.3 V,频率为 1 kHz 的方波信号,用于调整探头的补偿和检测垂直和水平电路的基本功能

续表 1.3.1

序号	名称	功能
7	TRACE 扫描基准线水平调节	调节扫描基准线的水平状态
8,16	VERTICAL POSITION 垂直位移旋钮	调节轨迹在屏幕中上下位置
9,17	VARIABLE 垂直灵敏度微调	用于连续调节垂直偏转灵敏度。当顺时针旋到底时就处于锁定位置,在该位置其挡位与电压值能精确对应
10,18	VOLTS/DIV 垂直灵敏度调节	垂直偏转灵敏度的调节 VOLTS/DIV 表示:垂直方向上每大格代表多大电压值(当其微调旋钮在锁定位置时)
11,21	信号耦合方式选择开关	用于选择被测信号馈入到垂直系统的耦合方式。按下 GND 开关,机内信号通道与外电路断开后接地,此时屏幕上出现基准扫描线
12,20	CH1、CH2 通道输入插座	被测信号的输入端口
14	MODE 垂直方式(显示方式)	即垂直通道的显示方式选择 CH1 或 CH2:通道 1 或通道 2 单独显示 ALT:两个通道交替显示 CHOP:两个通道断续显示(用于扫描速度较低时的双踪显示)
15	NORM/INVERT 通道 2 极性开关	通道 2 的极性转换 在 ADD 显示方式时,"NORM"或"INVERT"可分别获得两个通道代数和或差的显示
22	HORIZONTAL POSITION 水平位移旋钮	调节轨迹在屏幕中的水平位置
23	TIME/DIV 扫描速率调节旋钮	➢ 扫描速度调节 ➢ 当其微调钮在锁定位置时,TIME/DIV 表示水平方向的每一大格的时间值
24	扫描速率微调旋钮	➢ 用于连续调节扫描速率 ➢ 当顺时针旋到底时为锁定位置。在该位置,其挡位与时间值精确对应,可用于时间测量 ➢ 当旋钮拉出时,扫描速率被扩大 5 倍
25	LEVEL 触发电平调节	➢ 用于触发同步信号的调节 ➢ 也可用于触发极性的选择:推入状态为正向触发,拉出状态为负向触发
26	SWEEP MODE 扫描方式选择开关	➢ AUTO(自动扫描方式):不受触发控制,自动扫描。被测信号频率>20 Hz 时,常用此种方式扫描 ➢ NORM(常态):无触发信号时,扫描电路无输出,屏幕上无轨迹显示

续表 1.3.1

序号	名　称	功能
27	COUPPING 触发耦合选择开关	➤ 置 AC(EXT DC):选内触发时为交流耦合,选外触发时为直流耦合 ➤ 置 TV—V:适合于全电视信号的测试
28	SOURSE 触发源选择开关	➤ 置 CH1、CH2 位置:触发信号选自 CH1、CH2 通道的被测信号; ➤ 置 EXT 位置,触发信号由外部输入端(EXT TRIG)直接输入
29	EXT TRIG 外触发输入插座	外部触发信号输入插座
30	(ZAXIS INPUT) Z 轴输入	亮度调制信号输入插座

4. 示波器的基本操作方法及步骤

1) 开启电源,调出扫描线

① 确认所用电压为市电交流 220 V 后,按下电源开关。此时 POWER 指示灯亮。

② 将以下控制器置于下列位置:

➤ 垂直移位　中间位置;

➤ 水平移位　中间位置;

➤ 辉度调节　顺时针旋到底;

➤ 垂直方式　CH1;

➤ 扫描方式　AUTO;

➤ 扫描速率调节旋钮　1 ms/DIV。

③ 出现扫描线后,调节垂直移位旋钮,使扫描基准线至屏幕的中央。

④ 用辉度调节旋钮,将扫描轨迹调至所需的亮度。

⑤ 调节聚焦旋钮,使扫描轨迹纤细清晰。

上面的旋钮、开关分别控制扫描线的位置、高度、亮度、清晰度及轨迹的有无等。因此熟悉它们的作用和使用方法十分必要。

2) 加入机带测试信号

① 将以下控件置于下列位置:

➤ 垂直方式选择开关置于 CH1;

➤ CH1 耦合式选择开关置于 DC;

➤ CH1 垂直灵敏度调节钮至 50 mV/DIV;

➤ CH1 垂直灵敏度微调钮右旋到底(CAL 位置);

➤ 触发耦合方式置于 AC(EXT DC);

▶ 触发源置 CH1。

② 用探头将自带标准测试信号连接到通道 1 的输入端。

③ 调节触发电平旋钮,使屏幕上显示出的波形稳定。

此时将在荧光屏上看到 5 格高度的方波信号,如图 1.3.4 所示。

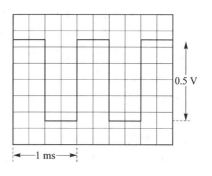

图 1.3.4 DF 自带测试信号

3) 测试信号的输入及其耦合方式的确定

示波器的测试信号可以是直流信号、交流信号,也可以是交直流混合信号等。为了准确地测量这些信号,必须用耦合方式选择开关选择一个适当的信号输入耦合方式。

当开关置 AC 位置时,选择为交流耦合方式,输入信号通过一个电容进入示波器,此时信号的直流成分被隔断,示波器屏幕上显示的波形仅是信号的交流成分。

当耦合开关置 DC 位置时,选择为直流耦合方式,输入信号直接进入示波器,输入信号的交直流成分同时被显示在屏幕上。

当接地开关 GND 按下时,选择为接地,示波器的输入探头与内部信号通道隔开,同时内部信号通道接地,示波器屏幕上显示的波形仅是一条直线。此条直线相当于输入电压为零时,信号电压在示波器屏幕上的位置。这一位置作为测量的基准电平。

4) 确定扫描速度

扫描速度用 TIME/DIV(时间/格)开关来选择,通常调节被测电压在屏幕上显示 2~3 个周期为益。

当微调旋钮逆时针旋转时,扫描速度随之下降;旋转到底时,扫描速度低于满量程的 $\frac{1}{2.5}$。

5) 触发源选择

(1) 内触发信号

在内触发方式下,触发信号以下列方式选择:

① 当垂直工作方式开关置于 CH1 或 CH2 时,触发信号就取自该通道,而触发源开关也只能选择该通道。

② 当垂直工作方式开关置于 DUAL 时,如果信号源开关置于 CH1,则选择通道 1 触发信号,如果置于 CH2 则选择通道 2 触发信号。因此,当输入信号频率相同时,选择信号幅度较高和噪声成分较小的通道将获得稳定的触发。当输入信号频率不同(但信号间没有相移)时,应选择频率较低的信号作为触发信号。如果采用另一频率较高信号作为触发信号,频率较低的信号就会重叠显示。当要采用双迹显示来测量两个信号之间的相位差时,必须选取相位超前的信号作为触发信号。

内触发操作如下:

① 置触发源开关于 CH1 或 CH2 位置(视输入信号的位置而定)。

② 根据输入信号的不同,选择扫描方式开关的不同位置。

③ 将触发信号通过外触发输入端输入。

(2) 外触发信号

这种工作方式具有下列独有的特点:

① 外触发不受垂直偏转挡位调整的影响。在内触发方式下,当改变偏转因数时,触发信号的幅度也随之改变,这就需要经常重新调节触发电平控制钮以重建适当的触发电平。反之,只要外触发信号幅度保持不变,外触发工作就不需要重新调整触发电平旋钮来适应垂直偏转挡位的改变。

② 当希望扫描启动于输入信号之前或之后某一时间时,假如存在有这样的时间关系的信号,使用该信号作外触发信号就能获得所希望的波形显示。

6) 触发耦合

耦合方式开关是用以选择触发信号与触发电路间耦合方式的开关。有 AC(EXT DC)和 TV—V 两个方式供选择。

① AC(EXT DC):在此位置,若触发源选择在内触发,则信号的交流成分进入触发电路;若触发源选择在外触发,则外触发信号的交直流成分进入触发电路。

② TV—V:这种耦合方式为全电视信号的测量提供稳定的触发。

7) 扫描方式和触发电平

用扫描方式开关可选择两种扫描方式:自动(AUTO)方式和常态(NORM)触发。实际使用时,应根据被测对象选择适用的方式。

在两种方式下,都是在触发电平旋钮中央位置两侧的某一范围内可获得触发,而范围的宽度依触发信号幅度而不同。

在自动方式下,当电平旋钮置于触发范围之外或无触发信号时,触发电路自动发生扫描。但当扫描频率低于 50 Hz 时,将停止扫描(此时应采用常态触发)。

在常态方式下,从直流到各种频率的信号都能触发,但无触发信号时扫描将停止。

8) 触发极性

触发极性可由触发电平旋钮的推拉开关来选择。在触发电平旋钮的推入状态下,所选择的是正向触发;而在触发电平旋钮的拉出状态下,所选择的是负向触发。

5. 电压测量

1) 交流电压测量

在示波器上可直接测量交流信号电压的峰-峰值。在测一个直流分量与交流分量叠加在一起的信号电压,且只观察交流分量的变化规律时,可用示波器直接观察和测量其交流电压分量。具体操作如下:

① 把信号耦合方式选择开关置 AC 状态。将 VOLT/DIV 和 TIME/DIV 细调旋钮,顺时针旋到底(有咔嗒声),处于锁定位置;调节 VOLT/DIV 和 TIME/DIV 粗

调旋钮,使交流电压波形在屏幕上长、宽得当;再调节触发信号使波形稳定。

其中,VOLT/DIV 表示伏/格或 V/cm(每格长度为 1 cm);TIME/DIV 表示秒/格或 s/cm(每格长度为 1 cm)。

② 将被测信号移到屏幕中央,读取整个波形的峰-峰值所占 y 轴方向的格数,并计算。

【例 1.3.1】 若 VILT/DIV 挡级放在 0.05V/DIV,由坐标刻度读出的峰-峰值为 2.5 DIV,并使用 10∶1 的衰减探头,则被测信号电压的峰-峰值为:

$$U_{P-P}=0.05 \text{ V/DIV} \times 2.5 \text{ DIV} \times 10 = 1.25 \text{ V}$$

2) 全电压信号的测量

若将耦合方式选择开关置 DC 状态,送入的电压信号将全部(包括交流和直流分量)显示在示波屏上,这时可以通过相应的操作、分析来测取交、直流电压分量。步骤如下:

① 因为要测量直流分量,而直流电压是相对参考点而言的。因此,要在屏幕上确定参考点扫描线(即直流电压为 0 时的扫描线的位置)。方法是:将 GND 接地开关置接地位置;扫描方式选择开关置 AUTO,屏幕上出现一条扫描基线,调节移位旋钮使扫描基线与所选的坐标横线重合;释放 GND 开关。

② 将输入耦合开关改置于 DC 位置,并按被测信号的幅度和频率将 VOLT/DIV 挡级开关和 TIME/DIV 扫描速率开关置于适当位置,调节触发电平使信号波形稳定。含有直流分量的电压波形如图 1.3.5 所示。

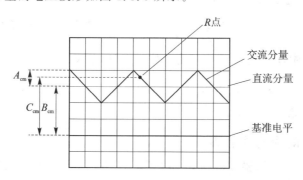

图 1.3.5 含有直流分量的电压波形

③ 根据屏幕坐标刻度,分别读出显示信号波形的交流分量(峰值)为 A DIV,直流分量为 B DIV 以及被测信号某特定点与参考基线间的瞬时电压(R 点)为 C DIV。若仪器 VOLT/DIV 挡级开关的标称值为 0.5 V/DIV,同时 y 轴输入端使用 10∶1 衰减探头,则被测信号的各电压值分别为:

被测信号交流分量:$U_{P-P}=0.5 \text{ V/DIV} \times 2 A \text{ DIV} \times 10 = 10 \times A \text{ V}$

被测信号直流分量:$U=0.5 \text{ V/DIV} \times B \text{ DIV} \times 10 = 5 \times B \text{ V}$

被测信号 R 点瞬时值:$U_R=0.5 \text{ V/DIV} \times C \text{ DIV} \times 10 = 5 \times C \text{ V}$

3) 时间测量

在示波管有效面内读取测试两点的水平距离,乘以 TIME/DIV 扫速开关的标称值,即为被测信号的时间变化值。

4) 频率的测量

在图 1.3.6 中,TIME/DIV 的位置为 0.1 ms/DIV,交流电压的一个周期共有 5 个格,由此可得出,其周期为 0.5 ms,频率值为 $\dfrac{1}{0.5\ \text{ms}} = 2\ 000\ \text{Hz}$。

5) 相位的测量

将垂直方式选择开关置于 ALT 或 CHOP,即可实现 CH1 和 CH2 的双踪显示。此时,若在通道 1 和通道 2 同时输入两路频率相同(1 000 Hz)而相位不同的交流信号,即可在屏幕上将其同时显示出,如图 1.3.7 所示。

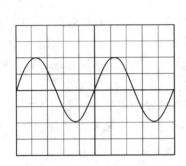

图 1.3.6　示波器显示正弦波

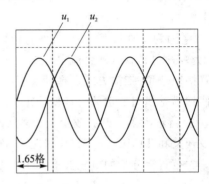

图 1.3.7　示波器测相位差

在图 1.3.7 中,u_1 与 u_2 的周期为 5 格,TIME/DIV 为 0.1 ms/DIV,u_1 与 u_2 之间的相位差为 1.65 格。由此可得,u_1 超前 u_2 为 $T = \left(\dfrac{1.65}{5}\right) \times 2\pi \approx \dfrac{2}{3}\pi$,即 u_1 超前 u_2 的相位角为 120°。

6. 示波器使用的注意事项

① 示波器正常使用温度应在 0～40 ℃。使用时不要将其他仪器或杂物盖于示波器的通风孔上,以免影响散热,造成仪器过热而发生故障。

② 使用时,示波器的辉度不要过亮,因为过亮的光点或扫描线长时间固定在一点时会使示波管的荧光屏涂层灼伤。

③ 信号输入不要超过最高允许电压范围。

3.2　信号发生器

信号发生器是一种能产生正弦波、矩形波电压的多功能电子仪器,并且其幅值和频率在一定范围内能自由调节。因此,该仪器被广泛地应用在电子电路的调试、测量和检修中。在电子技术实验中,它被作为交流信号源或脉冲信号源使用。下面是DF1026信号发生器的介绍。

1. 主要技术性能

- 输出频率范围:10 Hz~1 MHz 分五挡
  - ×1 挡,10 Hz~100 Hz,
  - ×10 挡,100 Hz~1 kHz,
  - ×100 挡,1 kHz~10 kHz,
  - ×1k 挡,10 kHz~100 kHz,
  - ×10k 挡,100 kHz~1 MHz;
- 输出频率误差:$\pm 3\% f + 1$ Hz。

1) 正弦波信号

- 输出最大幅度:>7.5 V(开路,有效值);
- 额定输出电压误差:<±1 dB;
- 失真:<0.3%(100 Hz~200 kHz),
  - <0.3%(50 Hz~500 kHz),
  - <1.5%(20 Hz~1 MHz);

2) 脉冲信号

- 输出脉冲幅度:0~10 V(峰-峰值)连续可调;
- 脉冲宽度:可调(50%±5%);
- 脉冲升、降时间:<200 ns;
- 上冲:<2%;
- 脉冲顶部倾斜:<5% (f=100 Hz 时);
- 输出衰减器:0~50 dB,分六挡。

2. 面板介绍

DF1026型信号发生器面板如图1.3.8所示。

3. 结构和原理

DF1026型低频信号发生器是由RC振荡器、OTL放大器、衰减器、电压表、脉冲TTL电路和稳压电源等几部分组成,其中,文氏电桥选频网络与放大器共同组成文氏电桥振荡器,其原理框图如图1.3.9所示。

从图1.3.9可看出,由RC振荡器产生一个正弦波信号,其输出一路直接送到OTL放大器,另一路经过脉冲TTL电路转换成矩形波信号送到OTL放大器,或者转成TTL电平直接送到TTL输出。RC振荡器产生振荡信号的频率由其内部选频网络中的RC时间常数决定。所以改变振荡器选频网络中的R值或C值都可调节振荡频率。在本信号发生器中,波段开关就是通过改变选频网络中的电容值来实现频率粗调的;它有五挡,即把10 Hz~1 MHz分成五个频段。频率调节旋钮为连续可

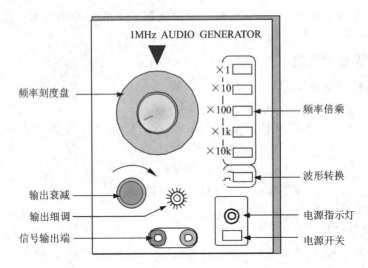

图 1.3.8　DF1026 型低频信号发生器的面板图

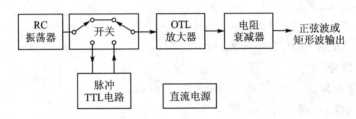

图 1.3.9　DF1026 型低频信号发生器原理框图

变的调节旋钮,它是通过改变选频网络中的电阻值来实现每个频段内的频率细调的。频率调节旋钮的变化范围在 10～100 之间,输出信号的频率应是:

$$f = A_{频率调节值} \times B_{波段倍率}$$

　　OTL 放大器是一种功率放大器,它的输入由波形选择开关选择是 RC 振荡器直接送过来的正弦波信号还是经过脉冲 TTL 电路转换来的矩形波信号。它将输入信号进行放大,成为 0～6 V 的信号输出。最终的正弦波或矩形波输出信号幅度由输出微调和输出衰减两个旋钮共同调节。输出微调旋钮调节 OTL 放大器的输出电压幅值。也就是说,调节输出微调旋钮,OTL 放大器的输出电压能在 0～6 V 范围内连续变化,然后,该电压值再经衰减器继续衰减。所以,整个仪器输出端信号的幅度应该是:

$$V_{o仪器输出端电压值} = V_{旋钮刻度} \times K_{电压衰减倍数}$$

式中,$K_{电压衰减倍数}$ 是衰减器的衰减倍数,它由输出衰减开关选择。但此开关所标的挡值不是直接的衰减倍数 K,而是对应衰减倍数的分贝值(dB)。它们之间的对应关系:

$$分贝值 = 20\lg K$$

　　例如:0 dB 挡,$K=1$,即不衰减;20 dB 挡,$K=10$,即衰减 10 倍;40 dB 挡,$K=$

100,即衰减 100 倍,等等。因此输出衰减开关每挡所对应的电压衰减倍数列于表 1.3.2 中。

4. 使用方法

1) 通　电

接通交流电源(220 V)。

2) 频率选择

根据使用的频率范围,按下面板右边对应的频率倍乘按键开关。然后再调节面板左边的频率旋钮。

例如,调节输出频率为 465 kHz:它在 100 kHz～1 MHz 范围内,因此先将 ×100 kHz 的频率倍乘按键开关按下,然后调节频率旋钮,使刻度盘的 46.5 处与其上方的三角对齐。

表 1.3.2　输出衰减分贝值与电压衰减倍数的对应关系

输出衰减分贝值/dB	电压衰减倍数 K
0	1
10	3.16
20	10.0
30	31.6
40	100
50	316
60	1 000
70	3 160

3) 正弦波输出电压幅度调节

首先,将波形选择开关置于弹起位置,输出正弦波信号。调节输出衰减(0 dB,10 dB,20 dB,…,70 dB)和输出细调电位器,便可在输出端得到所需的电压。如果需要小信号输出,可用输出衰减进行适当衰减。这时的实际输出电压可用交流毫伏表测量。

4) 矩形脉冲电压的输出

当需要输出频率、幅度可调的矩形波时,按下波形转换开关即可。频率和幅度调节与正弦波相同。

5) 共　地

当与被测电路或其他仪器相连时,应让仪器的接地线(黑色接线柱)与其他电路或仪器的地端接在一起,即必须共地。

3.3　晶体管直流稳压电源

HY1711 型双路可跟踪直流稳压电源是提供直流电压的电源设备。当电网或负载在一定范围内变化时,其输出电压稳定不变,可近似地看做一个理想的电压源。

1. HY1711 的面板图

HY1711 型双路可跟踪直流稳压电源面板图如图 1.3.10 所示。

2. 性能指标

➢ 输出电压:0～32 V 连续可调(双路);

➢ 输出电流:0～1.1 A(双路);

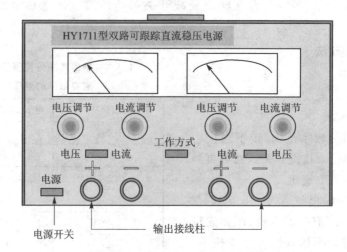

图 1.3.10 HY1711型双路可跟踪直流稳压电源面板图

- 电压稳定度:在额定负载内输入电压变化±10%时,电压调整率≤0.1%;
- 负载稳定度:当负载电流由0变化到2 A时,负载调整率≤0.1%
- 纹波电压:≤5 mV;
- 保护性能:输出端过载或短路时,均能自动保护,输出电压趋于0。

3. 工作原理

晶体管直流稳压电源是一个串联型稳压电源,其原理框图如图1.3.11所示。交流输入电压经整流、滤波后,再经调整电路输出。当输出电压由于电源电压或负载电流变化而波动时,取样电路将信息传给比较放大器,比较放大器将它与基准电压相比较,并将其差值进行放大后再去控制调整电路,从而使得输出稳定。

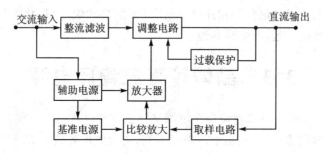

图 1.3.11 直流稳压电源原理框图

4. 使用方法

① 电源开关闭合:电源指示灯亮,表示左右两路都有电压输出。
② 调节工作方式旋钮:用于选择"跟踪"或"独立"工作方式。
③ 调节电压显示/电流显示转换按钮:用于选择表头指示状态(按下状态指示电

流值,弹出状态指示电压值)。

④ 调节输出电压或电流调节旋钮:可获输出电压或电流(外侧为电压调节旋钮,内侧为电流调节旋钮)。

5. 注意事项

① 电压源不能短路。

② 面板上的表头指示不够精确,要求准确输出电压时,应使用万用表的直流电压挡或其他直流电压表监测调节。

思考题

(1) 信号发生器是一种什么仪器?它的原理是什么?

(2) 在信号发生器的使用过程中,要注意哪些问题?

(3) 双路直流稳压电源是什么设备?工作原理是什么?有哪些性能指标?代表什么意思?

(4) 双路直流稳压电源要输出+30 V时,其输出端应如何接线?

(5) 双路直流稳压电源要同时输出±15 V时,其输出端应如何接线?

(6) 在频率测量过程中,为什么说"低频信号测周期,高频信号测频率"?

(7) 示波器是一种什么仪器?它的结构及原理是什么?请简述之。

(8) 可以通过示波器测量哪些量?

(9) 若示波器的"VOLT/DIV"挡级放在"0.05 V/DIV",由坐标刻度读出的峰-峰值为10 DIV,并使用了10∶1的衰减探头,则被测信号电压的峰-峰值为多少?有效值为多少?

(10) 若示波器的最高扫描速度为 $0.01\ \mu s/cm$,屏幕 x 方向可用宽度是 10 cm,如果要求能观察到两个完整周期的波形,问示波器的最高工作频率是多少?

(11) 若示波器的最低扫描速度为 $0.5\ \mu s/cm$,屏幕 x 方向可用宽度是 10 cm,如果要求能观察到两个完整周期的波形,问示波器的最低工作频率是多少?

(12) 用示波器观察信号发生器的输出电压波形。如果两台仪器不共地,会出现什么现象?

第4章 常用电工实验设备

本章介绍用于电工实验的自制设备。这些自制设备包括:电工实验电源板、直流电路实验板、电流插头插座、日光灯实验板、电容箱、三相灯箱和电动机控制电路实验板等。

4.1 电工实验电源板

图1.4.1是电工实验台上的电源板。电源板为电工实验提供三相交流电和单相交流电。电源板分为三相交流电供电区和单相交流电供电区。

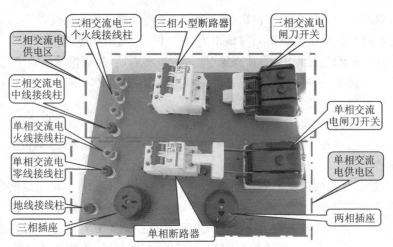

图 1.4.1　电工实验台电源板

1. 三相交流电供电区

- 三相交流电闸刀开关——用于接通三相交流电的三刀单掷开关;
- 三相小型断路器——用于接通三相交流电内含短路保护的三极单掷开关;
- 三相交流电三个火线接线柱——连接三相闸刀开关,合上闸刀开关后,任两个接线柱都能提供 380 V 的交流电;
- 三相交流电中线接线柱——与任意一个火线接线柱之间能提供 220 V 的交流电。

2. 单相交流电供电区

- 单相交流电闸刀开关——用于接通单相交流电的双刀单掷开关;

- 单相小型断路器——内含短路保护,用于接通单相交流电的两极单掷开关;
- 单相交流电火线接线柱——通过单相闸刀开关连接三相交流电的一相火线;
- 单相交流电零线接线柱——通过单相闸刀开关连接三相交流电的中线;
- 合上单相交流电闸刀开关后,火线接线柱与零线接线柱之间能提供 220 V 的交流电;
- 地线接线柱——来源于三相五线制中的地线,电路系统中若接地,则可与之相连;
- 三相插座——为单相负载提供 220 V 的交流电;
- 两相插座——为单相负载提供 220 V 的交流电。

4.2　直流电路实验板

图 1.4.2 是直流电路实验板。直流电路实验板是用来完成"直流电路的测量方法"、"直流电源等效"等直流电路实验的。

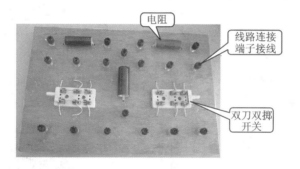

图 1.4.2　自制直流电路板

直流电路实验板由两个双刀双掷开关、三个电阻和数个接线柱组成。

电阻两端由一个红接线柱和一个黑接线柱接出。

双刀双掷开关的六端由三个红接线柱和三个黑接线柱接出。其中:中间的一红一黑接线柱接双刀的固定端,左右两端均为双刀的投掷端。

若双刀投掷左端,那么双刀的固定端与左投掷端接通。因为是双刀,无论投掷哪一端都相当于两个开关同时与那一端接通。

4.3　电流插头和插座

在实验中,解决一次接线、一表多测的方法就是借助于电流插头和插座。电流插头如图 1.4.3(a)所示,由铜芯和铜管两部分构成探极。铜芯的前端带有圆球体,后端引出线接有红柄接线叉;铜管套在铜芯外,后端引出线接有黑柄接线叉。铜芯与铜管间由绝缘物隔离。

电流插座原理结构如图1.4.3(b)所示。两个触头是弹性铜片,长触头与红色接线柱相连,短触头与黑色接线柱相连。

在实验中,常常在待测电流的支路中串联一电流插座。当需要测量该支路电流时,将连接有电流表的电流插头插入该电流插座的插孔。此时,电流插座上原来连接在一起的长、短触头被顶开;同时,电流插座的长触头与插头的铜芯前端球体相接,电流插座的短触头与电流插头的铜管相接触,如图1.4.3(c)所示。随着电流插头的插入,电流表就串进该支路,便能测量该支路的电流。测完数据,拔出插头;电流插座的长、短触头自动闭合,实验电路继续正常工作。

每个实验台上,都有一个电流插头和具有四个电流插座的电流插座盒,如图1.4.3(d)所示。插座相互间独立。因此一次实验接线后,最多可测四个支路的电流。

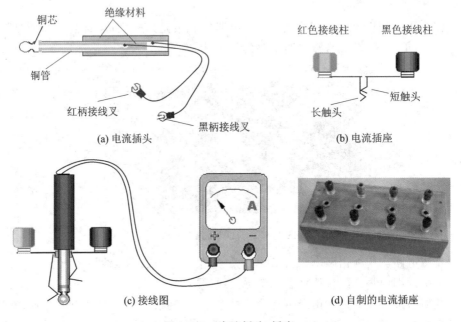

图 1.4.3　电流插头、插座

4.4　交流电路实验板

图1.4.4是交流电路实验板。交流电路实验板由两套日光灯电路组成,又称之为日光灯实验板。每套实验板上的日光灯电路包含启辉器、镇流器和日光灯管。这些电器件已接好,由两个称为电源端子的接线柱引出。这两个接线柱接上电源就可以点亮日光灯。

在镇流器旁边的两个接线柱可以测量电感线圈电压。

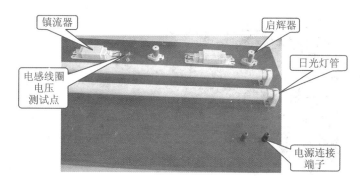

图 1.4.4　自制日光灯板

交流电路实验是以日光灯作负载,它主要用于训练学生交流电路的参数测量,即交流三表的使用、交流串并联电路的连接、功率因数的提高等。因此,虽然不进行日光灯的连线,但日光灯电路的工作原理及启辉器、镇流器和日光灯管三者的连接方法也需要搞清。

4.5　电容箱

图 1.4.5 是电容箱。电容箱是用来提高交流电路的功率因数。电容箱的电容由两个接线柱引出,电容的大小用四个钮子开关来选择。

图 1.4.5　自制电容箱

4.6　三相灯箱

图 1.4.6 是三相灯箱。三相灯箱用来做三相电路的负载。它由 40 W、220 V 的三组灯泡组成。每组有六个灯泡,两两串联,每条串联支路用一个钮子开关控制。每组有三条用钮子开关控制的串联支路。这三条串联支路并联后,再串接一个电流插座,作为一相负载由红黑两个接线柱引出。除负载以外的黑接线柱是引出中线用的。

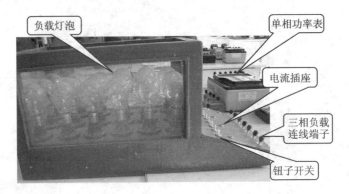

图 1.4.6　自制三相灯箱

通过对接线柱的不同连接,可以得到有中线、无中线的负载星形连接和负载三角形连接。通过对钮子开关通断的选择,可以得到对称和不对称的三相负载。

4.7　电动机继电控制系统实验板

图 1.4.7 是电动机继电控制系统实验板。该实验板由三个交流接触器(如图 1.4.8 所示)、三个按钮(一红两绿)、两个行程开关、一个时间继电器和数个接线柱组成。

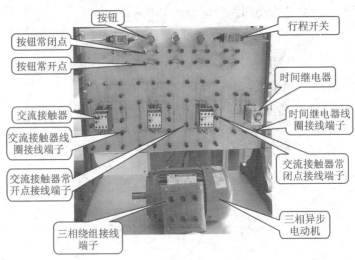

图 1.4.7　电动机继电控制系统实验板

电器里的线圈、常开触点和常闭触点都由接线柱引出。搞清这些电器的结构、原理,才能进行电动机的继电控制系统实验。

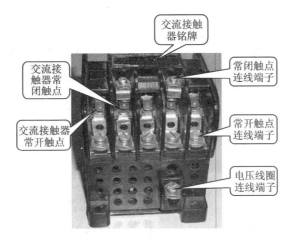

图 1.4.8 交流接触器

思考题

（1）电工实验台上的电源板是用来做什么的？它上面有哪些电器？电源板分几个区？每个区的作用是什么？

（2）直流电路实验板上的开关是几刀几掷？向左合开关是哪几端接通？向右合开关是哪几端接通？

（3）电流插座没有接的时候，它的两端是开路还是短路？

（4）具有四个电流插座的电流插座盒，其插座相互间是独立的还是连通的？

（5）日光灯实验板上有哪些电器？要提高功率因数，在哪里接什么元件？

（6）三相灯箱是用来做什么的？它能做对称负载还是不对称负载？

（7）电动机实验板上有哪些电器？这些电器各自有什么用途？哪些是手动电器？哪些是自动电器？

（8）用于电动机主回路保护的电器有哪些？

第 5 章　EWB 实验仿真软件

5.1　EWB 软件简介

Electronics Workbench(EWB)是加拿大 Interactive Image Technologies 公司于 20 世纪 80 年代末推出的专门用于电子线路仿真的应用软件。它是一个虚拟电子工作台(Electronics Workbench)，可以对各种类型的电路进行仿真。目前，它已在电子工程设计、电子类课程教学等领域得到广泛应用。

当用 EWB 仿真一个电子电路时，就像拥有了一个仪器完备的工作台和庞大的元器件仓库，其工作界面与实际情形非常相近。绘制电路图需要的元器件、电路仿真需要的测试仪器可直接从元件库和仪器库中提取，其图形与实物外观基本相似。仪器的操作开关、按键与实际仪器的极为相像，非常容易学习和使用。通过电路仿真，不仅可掌握电路的性能，也可熟悉仪器的使用方法。EWB 的元器件库不仅提供了数千种电路元器件供选用，而且还提供了各种元器件的理想值。因此，仿真的结果就是该电路的理论值，这对于验证电路的原理和电子类课程的教学与实验提供了很大方便；同时也可以新建或扩充已有的元器件库，而且建库所需的元器件参数可从生产厂商的产品使用手册中查到，因此大大方便了使用人员。

EWB 提供了较为详细的电路分析手段，不仅提供了电路的瞬态分析和稳态分析、时域和频域分析、器件的线性和非线性分析、电路的噪声分析和失真分析等常规电路分析方法，而且还提供了离散傅里叶分析、电路零极点分析、交直流灵敏度分析和电路容差分析等共计 14 种电路分析方法，以帮助设计人员分析电路的性能。此外，它还可以对被仿真电路中的元件设置各种故障，如开路、短路和不同程度的漏电等，从而观察在不同故障情况条件下的电路工作状况。在进行仿真的同时，它还可以存储测试点的所有数据，列出被仿真电路的所有元器件清单，以及存储测试仪器的工作状态、显示波形和具体数据等。该软件创建电路图所需的元器件库与目前常见的电子线路分析软件，如"SPICE"的元器件库是完全兼容的，换句话说，两者之间可以互相转换。同时，在该软件下完成的电路文件可以直接输出至常见的印制线路板排版软件，如 PROTEL、ORCAD 和 TANGO 等软件，自动排出印制电路板，从而大大加快了产品的开发速度。

EWB 还是一种非常优秀的电子技术培训工具，可作为电子类相关课程的辅助教学和实验手段。它不仅可以弥补实验仪器、元器件缺乏带来的不足，而且排除了原材料消耗和仪器损坏等因素,可以帮助学生更快、更好地掌握理论知识,加深对概念和原理的理解,辅助课堂理论教学。通过电路仿真,学生可以熟悉常用电子仪器的测量方法,进一步提高综合分析能力、排除故障能力和开发和创新能力。

本章仅对 EWB 的基本工作界面和操作方法做较详细介绍。若要进一步深入研究和使用,可查阅相关资料。

5.2 EWB 的基本界面

5.2.1 EWB 的主窗口

启动 EWB 5.0 将出现如图 1.5.1 所示的主窗口。它模拟一个实际的电子实验台,提供了完整的设计、测试功能。窗口分多个使用区域。下面自上而下地熟悉它的名称与功能。

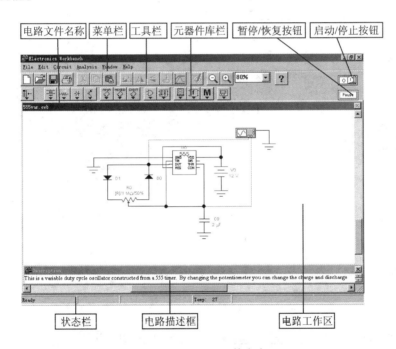

图 1.5.1 EWB 5.0 的主窗口

- ➢ 菜单栏:EWB 所有指令的存放区。
- ➢ 工具栏:常用操作命令图标的存放区。
- ➢ 元器件库栏:各类元器件与测试仪器库窗口。
- ➢ 启动/停止、暂停/恢复按钮:控制电路运行状态的开关。

- ➢ 电路工作区:或称电路设计窗口,供使用者进行电路设计、测试与仿真。
- ➢ 电路描述框:供使用者键入文本,并对电路进行注释和说明。
- ➢ 状态栏:显示光标指向元件或仪器的名称,在电路仿真运行时还可显示模拟运行的时间。

有了以上对主窗口各功能区域的认识,下面更深入地介绍其各部位的内容与功能。

5.2.2 EWB 的菜单栏

EWB 的菜单栏在主窗口的最上方,包括 EWB 所有的指令与功能。例如,电路文件的存取,SPICE 文件的转入、转出,电路图的编辑,电路的模拟运行与分析等。图 1.5.2 列出了菜单栏中各项指令。

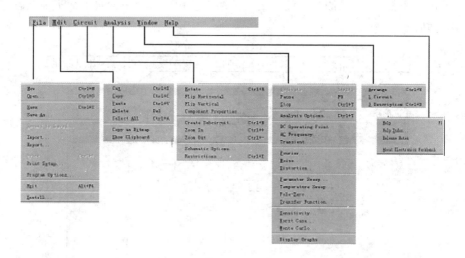

图 1.5.2 菜单栏

5.2.3 EWB 的工具栏

图 1.5.3 列出了工具栏中各工具图标的名称,其功能说明如下:

图 1.5.3 工具栏

- 新建:清除电路工作区,准备生成新电路;
- 打开:打开电路文件;
- 保存:保存电路文件;
- 打印:打印电路文件;
- 剪切:剪切至剪贴板;
- 复制:复制至剪贴板;
- 粘贴:从剪贴板粘贴;
- 旋转:将选中的元件逆时针旋转90°;
- 水平翻转:将选中的元件水平翻转;
- 垂直翻转:将选中的元件垂直翻转;
- 子电路:生成子电路;
- 分析图:调出分析图;
- 元件特性:调出元件特性对话框;
- 缩小:将电路图缩小一定比例;
- 放大:将电路图放大一定比例;
- 缩放比例:显示电路图的当前缩放比例,并可打开缩放比例下拉列表;
- 帮助:调出与选中对象有关的帮助内容。

5.2.4 EWB 的元器件库栏

EWB 5.0 提供了非常丰富的元器件库和测试仪器,并对它们实行层次化的分类菜单式管理,这给进行电路的仿真实验带来了极大的方便。图 1.5.4 列出了主窗口元器件库栏中各元件库的图标和名称。

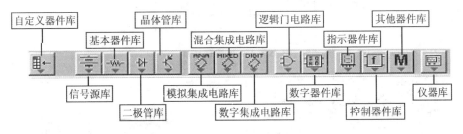

图 1.5.4　元器件库栏

单击库图标,就可打开该元件库。图 1.5.5~图 1.5.16 列出了各库中存放的元器件。关于这些元器件的功能和使用方法,读者可使用在线帮助功能查阅有关内容。图 1.5.17 是一套测试仪器库,库中每种仪器只有一台。

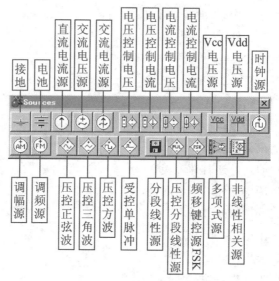

图 1.5.5 信号源库

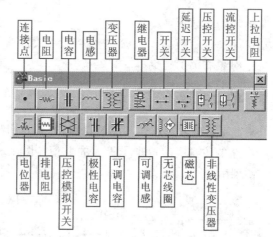

图 1.5.6 基本器件库

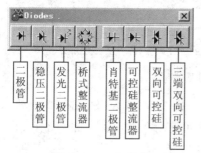

图 1.5.7 二极管库

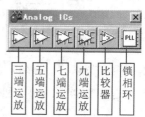

图 1.5.8 模拟集成电路库

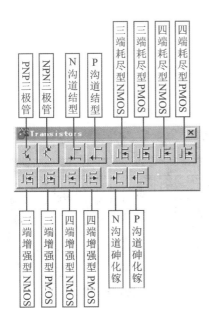

图 1.5.9　晶体管库

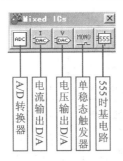

图 1.5.10　混合集成电路库

图 1.5.11　数字集成电路库

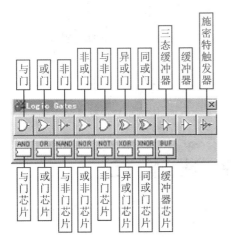

图 1.5.12　逻辑门电路库

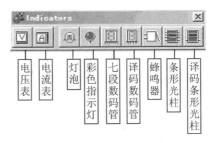

图 1.5.13　指示器件库

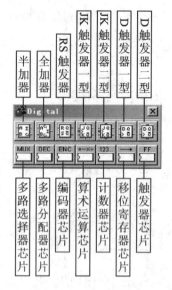

图 1.5.14 数字器件库

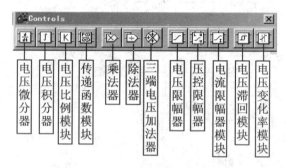

图 1.5.15 控制器件库

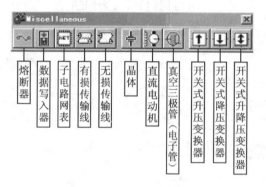

图 1.5.16 其他器件库

图 1.5.17 仪器库

5.3　EWB 的基本操作方法

本节介绍使用 EWB 进行电路设计与仿真的基本操作方法。为了叙述方便,对 Windows 平台下鼠标和键盘的有关操作术语作如下约定:

➢ 单击——鼠标器指针指向目标,快速按下鼠标左键,再马上放开;

➢ 双击——鼠标器指针指向目标,快速连击鼠标左键两次;

➢ 拖动——鼠标器指针指向目标对象(元器件等),然后按着鼠标左键不放,同时移动鼠标器指针到一个新的位置,然后再放开鼠标左键;

➢ 单击右键——鼠标器指针指向目标,快速按下鼠标右键,再马上放开;

> Ctrl+××——按下 Ctrl 键的同时作××操作,例如 Ctrl+A 表示按下 Ctrl 键的同时按 A 键。

5.3.1 电路的创建与运行

1. 元器件的操作

1) 元器件的选用

选用元器件时,首先在元器件库栏中单击包含该元器件的图标,打开该元器件库;然后从元器件库中将该元器件拖动至电路工作区。

2) 选中元器件

在连接电路时,常常需要对元器件进行必要的操作:移动、旋转、删除和设置参数等。这就需要先选中该元器件。要选中某个元器件,可使用鼠标左键单击该元器件。如果还要选中其他元器件,可以使用"Ctrl+单击"来选中这些元器件。被选中的元器件以红色显示,便于识别。

此外,拖动某个元器件也同时选中了该元器件。

如果要同时选中一组相邻的元器件,可以用鼠标在电路工作区的适当位置单击并拖动光标选中一个矩形区域,包围在该矩形区域内的一组元器件即被同时选中。

要取消某一个元器件的选中状态,可以对该选中的元器件使用"Ctrl+单击"的操作。要取消所有被选中元器件的选中状态,只需单击电路工作区的空白部分即可。

3) 元器件的移动

要移动一个元器件,只要拖动该元器件即可。

要移动一组元器件,必须先用前述的方法选中这些元器件,然后拖动其中的任意一个元器件,则所有选中的部分就会一起移动。元器被移动后,与其相连接的导线就会自动重新排列。

选中元器件后,也可使用键盘上的箭头键使之作微小的移动。

4) 元器件的旋转与反转

为了使电路便于连接、布局合理,常常需要对元器件进行旋转或反转操作。这可先选中该元器件,然后使用工具栏的"旋转"、"垂直反转"、"水平反转"等按钮,或者选择 Circuit(电路)|Rotate(旋转)、Circuit(电路)|Flip Vertical(垂直反转)、Circuit(电路)|Flip Horizontal(水平反转)等菜单栏中的命令。也可使用热键 Ctrl+R 实现旋转操作(热键的定义标在菜单命令的旁边)。元器件旋转和反转的含义如图 1.5.18 所示。

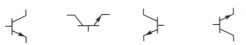

原始状态　　旋转后　　水平翻转后　　垂直翻转后

图 1.5.18 元器件的旋转与翻转

5）元器件的复制、删除

对选中的元器件,使用 Edit(编辑)|Cut(剪切)、Edit(编辑)|Copy(复制)和 Edit(编辑)|Paste(粘贴)、Edit(编辑)|Delete(删除)等菜单命令,可以分别实现元器件的复制、移动、删除等操作。此外,直接将元器件拖动回其元器件库(打开状态)也可实现删除操作。

6）元器件标签、编号、数值、模型参数的设置

在选中元器件后,再按下工具栏中的器件特性按钮,或者选择菜单命令 Circuit(电路)|Component Properties(元器件特性),会弹出相关的对话框,可供输入数据。器件特性对话框具有多种选项可供设置,包括 Label(标志)、Model(模型)、Value(数值)、Fault(故障设置)、Display(显示)、Analysis Setup(分析设置)等内容。下面介绍这些选项的含义和设置方法。

Label 选项卡用于设置元器件的 Label（标志）和 Reference ID（编号）,如图 1.5.19 所示。Reference ID（编号）通常由系统自动分配,必要时可以修改,但必须保证编号的唯一性。有些元器件没有编号,如连接点、接地、电压表和电流表等。在电路图上是否显示标志和编号可通过选择 Circuit(电路)|Schematic Option(电路图选项)选项,在弹出的对话框中进行设置。

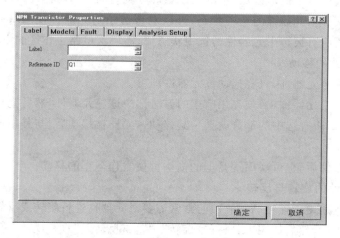

图 1.5.19 Label 选项卡

当元器件比较简单时,会出现 Value(数值)选项卡,如图 1.5.20 所示,可以设置元器件的数值。

当元器件比较复杂时,会出现 Model(模型)选项卡,如图 1.5.21 所示。模型的默认设置(Default)通常为 Ideal(理想),这有利于加快分析的速度,也能够满足多数情况下的分析要求。如果对分析精度有特殊的需要,可以考虑选择具有具体型号的器件模型。

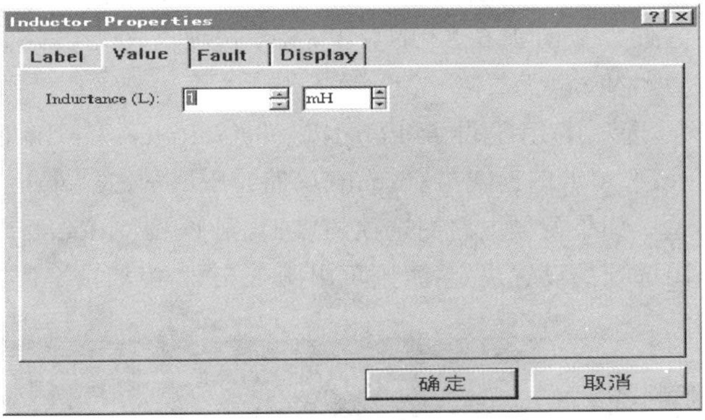

第 5 章 EWB 实验仿真软件

图 1.5.20 Value 选项卡

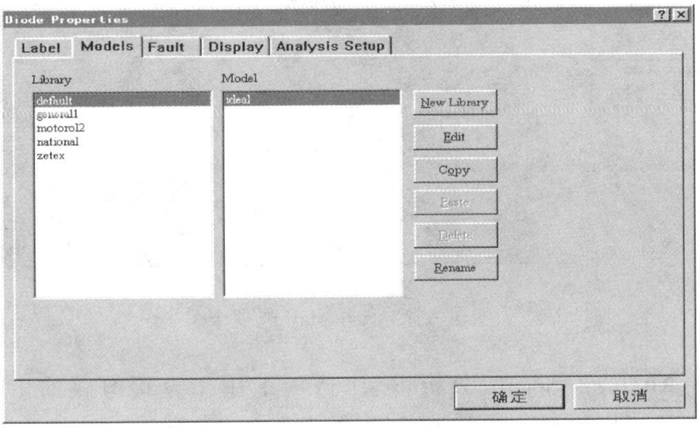

图 1.5.21 Models 选项卡

Fault(故障)选项卡可供人为设置元器件的隐含故障。图 1.5.22 为某个电感的故障设置情况。1,2 为与故障设置有关的引脚号。图中选择了 Open(开路)设置。

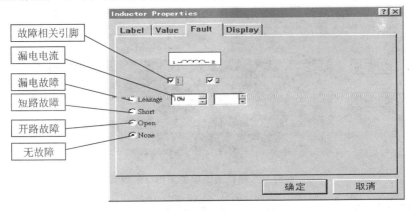

图 1.5.22 Fault 选项卡

这时尽管该电感可能标有合理的数值,但实际上隐含开路的故障。这为电路的故障分析教学提供了方便。从图 1.5.22 中看出,这个选项卡还提供 Short(短路故障)、Leakage(漏电故障)、None(无故障)等设置。

Display(显示)选项卡用于设置 Label,Models,Reference ID 的显示方式,如图 1.5.23 所示。该选项卡的设置与 Circuit(电路)|Schematic Options(电路图选项)对话框的设置有关。如果遵循电路图选项的设置,则 Label,Models,Reference ID 的显示方式由电路图选项的设置决定;否则可由图 1.5.23 中的三个选项确定。

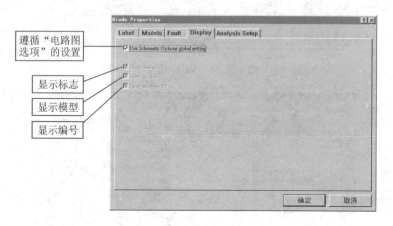

图 1.5.23 Display 选项卡

此外,还有 Analysis Setup(分析设置)选项卡用于设置电路的工作温度等有关参数;Node(节点)选项卡用于设置与节点编号等有关的参数。

7) 电路图选项的设置

选择 Circuit(电路)|Schematic Options(电路图选项)菜单命令,可弹出如图 1.5.24 所示的对话框,用于设置与电路图显示方式有关的一些选项。Grid 选项卡中设置栅格。如果选择使用栅格,则电路图中的元器件与导线均落在栅格线上,可以保持电路图横平竖直,整齐美观。

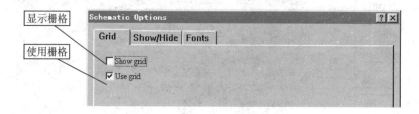

图 1.5.24 电路图选项关于栅格的设置

如果单击 Show/Hide(显示/隐藏)标签,则弹出图 1.5.25 所示对话框,用于设置标号、数值、元器件库等的显示方式。该设置对整个电路图的显示方式有效。如果对某个元器件显示方式有特殊要求,那么可使用器件特性的 Display(显示)选项卡单独设置。

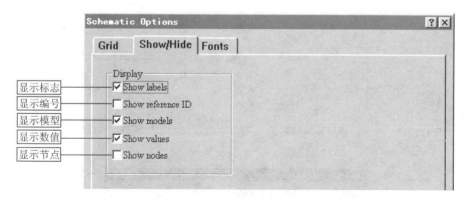

图 1.5.25 Show/Hide 选项卡

如果单击 Fonts(字型)标签,则弹出如图 1.5.26 所示对话框,用于显示和设置 Label、Value 和 Models 的字体与字号。

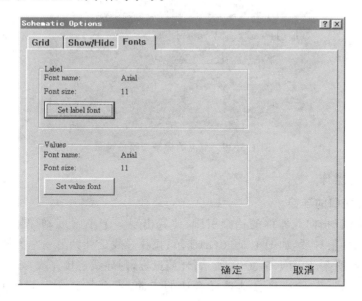

图 1.5.26 Fonts 选项卡

8) 节点的操作

节点是存放在基本元件库中的一个小圆点。它是 EWB 为连接电路而专门设置的。一个节点最多可以连接来自四个方向的导线各一根。可以将节点直接插入连线中,还可以给节点赋予标志,如图 1.5.27 所示。

在连接电路时,EWB 5.0 自动为每个节点分配一个编号,是否显示节点编号可以通过选择 Circuit|Schematic Options 命令,在弹出对话框的 Show/Hide 选项卡中

设置(如图 1.5.25 所示)。显示节点编号的情况如图 1.5.28 所示。双击节点可弹出如图 1.5.29 所示的对话框,用于设置节点的标签以及与节点相连接的导线的颜色。

图 1.5.27　节点的使用及其标志

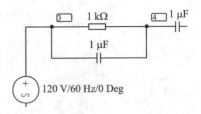

图 1.5.28　节点的编号

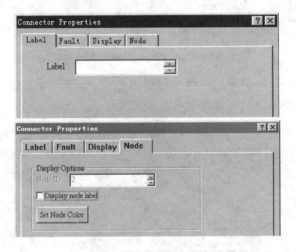

图 1.5.29　节点的标签与颜色设置

2. 连线操作

1) 元件之间的连接

首先将光标指向元器件的一个引脚,使其出现一个小圆点,如图 1.5.30(a)所示,并拖动出一根导线,如图 1.5.30(b)所示;拉住导线延伸到另一个元器件的引脚,使其也出现小圆点,如图 1.5.30(c)所示;释放鼠标,则导线连接完成,如图 1.5.30(d)所示。连接完成后,导线将自动选择合适的走向,不会与其他元器件或仪器发生交越。

2) 连线的删除与改动

将光标指向元器件与导线的连接点时,会将出现一个实心圆点,如图 1.5.31(a)所示;拖动导线离开该元器件的端点,如图 1.5.31(b)所示;释放,导线自动消失,完成连线的删除,如图 1.5.31(c)所示;也可以将拖动移开的导线连至另一元器件的引脚,实现连线的改动,如图 1.5.31(d)所示。

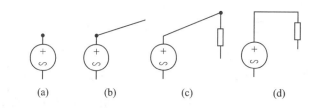

图 1.5.30　元件之间的连接

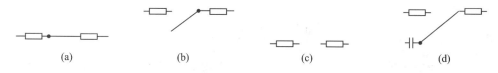

图 1.5.31　连线的删除与改动

3）改变导线的颜色

在复杂的电路中,可以将导线设置为不同的颜色,有助于对电路图的识别。要改变导线的颜色,双击该导线弹出 Wire Properties 对话框,选择 Schematic options 选项卡并按下 Set Wire Color 按钮,然后选择合适的颜色,如图 1.5.32 所示。

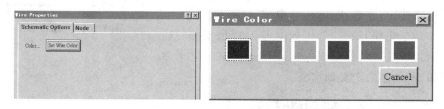

图 1.5.32　导线颜色设置

4）在导线中间插入元器件

可以将元器件直接拖动放置在导线上,然后释放即可插入电路中,如图 1.5.33 所示。

5）删除连在线路中的元器件

选中该元器件,按下 Delete 键即可。

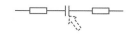

6）调整弯曲的导线

在图 1.5.34 中,两个元件及导线的位置不在一条直线上。此时可以对其进行位置调整。调整的方法有两种：

图 1.5.33　向电路插入元器件

① 用光标直接拖动待移动元件到新位置。

② 选中待调整的元件,用键盘上四个箭头键微调该元件的位置。这种微调方法也可用于对一组选中元器件的位置调整。

如果导线接入端点的方向不合适,也会造成导线不必要的弯曲。如图 1.5.35 情况,可以对导线接入端点的方向予以调整。

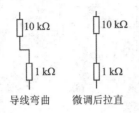

图 1.5.34 微调元件拉直导线

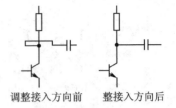

图 1.5.35 调整导线的接入方向

5.3.2 子电路的生成与使用

为了使电路连接简洁明了,可以将一部分常用电路定义为子电路。子电路相当于用户自己定义的小型集成电路,可以存放在自定元件库中供以后调用。

1. 子电路的生成

图 1.5.36 是 EWB 电子工作台上一个由电阻和电容组成的滤波电路。首先选中要定义为子电路的所有器件(器件个数无限制),然后单击工具栏上的生成子电路按钮,或选择 Circuit(电路)|Create Subcircuit(生成子电路)命令,弹出如图 1.5.37 所示的对话框。填入子电路名称并根据需要单击其中的某个命令按钮,子电路的定义即完成。

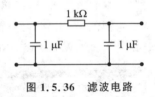

图 1.5.36 滤波电路

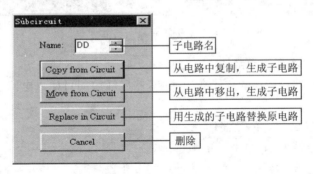

图 1.5.37 子电路设置

这时出现子电路窗口并将该子电路存入自定器件库中(如图 1.5.38 所示)。

2. 子电路的使用

子电路的调用与其他器件类似。拖动自定器件库的图标便会弹出如图 1.5.39 所示的对话框,可以从中选择需要的子电路。

双击子电路图标可打开子电路窗口,对它做进一步的编辑和修改;可以在子电路窗口中添加或删除元件;也可以添加引出端,方法是从子电路某一元件拖动引出导线

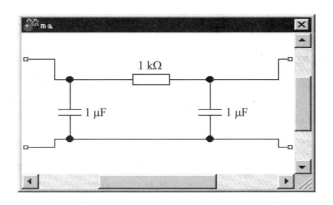

图 1.5.38 子电路窗口

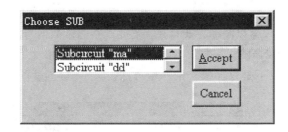

图 1.5.39 子电路的选择

至子电路窗口的任一边沿处,待出现小方块时释放,即得到一个新的引出端。对某一子电路的修改同时影响该子电路的其他复制。

一般情况下,生成的子电路仅在本电路中有效。要应用到其他电路中,可使用剪贴板进行复制与粘贴操作。也可以将其粘贴到(或直接编辑在)DEFAULT.EWB 电路文件的自定元件库中。以后每次启动 EWB 5.0,自定元件库中均自动包含该子电路以供随时调用。

可以像使用其他元件一样使用子电路。图 1.5.40 是一个稳压电路,其中的子电路就是滤波器。这里不再赘述。

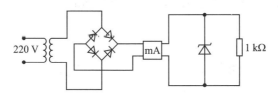

图 1.5.40 子电路的使用

5.3.3 仪器的使用

1. EWB 仪器使用常识

EWB 5.0 的仪器库存放有 7 台仪器可供使用。它们分别是数字万用表、函数信号发生器、示波器、波特图仪、数字信号发生器、逻辑分析仪和逻辑转换仪。这些仪器每种只有一台。

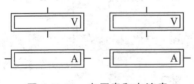

图 1.5.41 电压表和电流表

为了满足多处测量的要求，EWB 5.0 还在指示器库中提供了如图 1.5.41 所示的电压表和电流表。这两种电表的数量是没有限制的，可选用多个。通过旋转操作可以改变其引出线的方向。双击电压表或电流表可以弹出其参数设置对话框。

在连接电路时，仪器以图标方式存在。需要观察测试数据与波形或者需要设置仪器参数时，可以双击仪器图标来打开仪器面板。如图 1.5.42 是示波器的图标和打开后的示波器面板。以下是仪器操作的一般方法。

 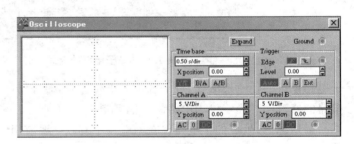

图 1.5.42 示波器的图标和面板

1) 仪器的选用与连接

选用仪器可以从仪器库中将相应的仪器图标拖动至电路工作区。仪器图标上有连接端用于将仪器连入电路。拖动仪器图标可以移动仪器的位置。不使用的仪器可以拖动回仪器栏存放，同时与该仪器相连的导线会自动消失。图 1.5.43 是函数信号发生器图标及其连入电路的情况。

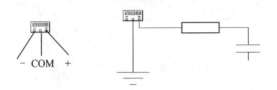

图 1.5.43 仪器的连接

2) 仪器参数的设置

双击仪器图标打开仪器面板即可设置仪器参数。图 1.5.44 以函数信号发生器为例说明仪器参数的设置方法及仪器面板的有关操作。

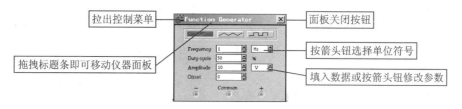

图 1.5.44 仪器参数的设置方法

2. 模拟仪表的使用

模拟仪表主要包括数字万用表、函数信号发生器、示波器、波特图仪、电压表和电流表。以下介绍的仪表（除波特图仪外）在接入电路并打开电路启动开关后，若改变其在电路中的接入点，则显示的数据和波形也相应改变，而不必重新启动电路。这给电路仿真实验带来方便，与实际工作中的情形也非常相似。

1) 数字万用表的使用

这是一种自动调整量程的数字万用表，其电压挡、电流挡的内阻，电阻挡的电流值，以及分贝挡标准电压值都可任意进行设置。图 1.5.45 是它的图标和面板。

图 1.5.45 数字万用表

按 SETTINGS（参数设置）按钮时，就会弹出如图 1.5.46 所示对话框，可以设置万用表内部的参数。

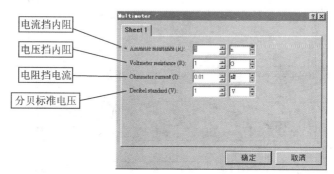

图 1.5.46 数字万用表内部参数设置

2) 示波器的使用

示波器的图标和面板分别如图 1.5.47 和图 1.5.48 所示。

为了更细致地观察波形,可按下示波器面板上的 EXPEND 按钮从而将面板进一步展开成如图 1.5.49 所示的界面。拖动游标到波形任一点,可以读取该点详细数据,以及两个游标间读数的差值。

按下 Reduce 按钮可缩小示波器面板至原来大小。按下 Reverse 按钮可改变示波器屏幕的背景颜色。按下 Save 按钮可按 ASCII 码格式存储波形读数。

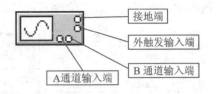

图 1.5.47 示波器的图标

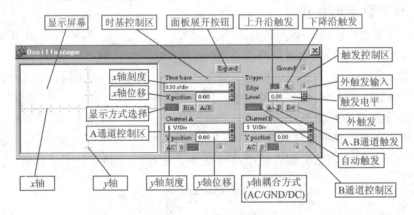

图 1.5.48 示波器面板与说明

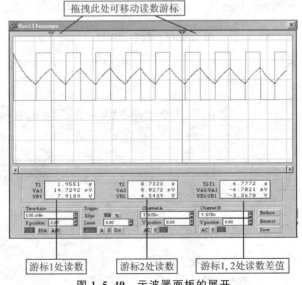

图 1.5.49 示波器面板的展开

3) 函数信号发生器的使用

函数信号发生器可用来产生正弦波、三角波和方波信号,其图标和面板分别如图 1.5.50 和图 1.5.51 所示。占空比参数主要用于三角波和方波波形的调整;幅度参数是指信号波形的峰值。

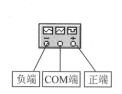

图 1.5.50 函数信号发生器图标

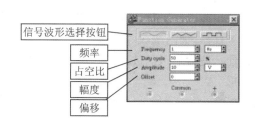

图 1.5.51 函数信号发生器的面板

4) 波特图仪的使用

波特图仪类似于通常实验室的扫频仪,可以用来测量和显示电路的幅频特性与相频特性。波特图仪的图标及其面板如图 1.5.51 所示。波特图仪有 IN 和 OUT 两对端口,其中 IN 端口的 +V 端和 -V 端分别接电路输入端的正端和负端;OUT 端口的 +V 端和 -V 端分别接电路输出端的正端和负端。此外,使用波特图仪时,必须在电路的输入端接入 AC(交流)信号源,但对其信号频率的设定并无特殊要求,频率测量的范围由波特图仪的参数设置决定。

电路启动后可以修改波特图仪的参数设置(如坐标范围)及其在电路中的测试点,但修改以后建议重新启动电路,以确保曲线显示的完整与准确。

波特图仪各部分参数的设置如图 1.5.52 中波特图仪面板所示。

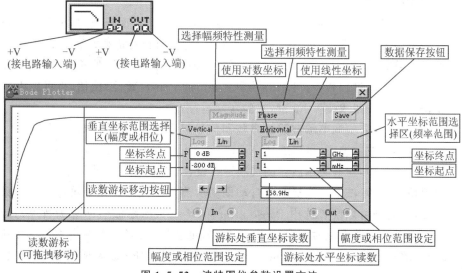

图 1.5.52 波特图仪参数设置方法

3. 模拟电路仿真实验范例

【例 1.5.1】 RC 积分电路如图 1.5.53 所示。通过 EWB 仿真,观察其积分波形,测量电压的幅度和周期,测量电路的幅频特性。

1) 连接电路

采用前面"模拟仪表的使用"中介绍的元件操作方法生成电路、设置元器件参数并连接仪器,如图 1.5.54 所示。设置连至示波器输入端的导线颜色为红、蓝两色,这可以使示波器显示的波形的颜色也相应为红、蓝色。这种方法常用来区别两路不同的波形。

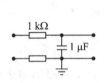

图 1.5.53 RC 电路

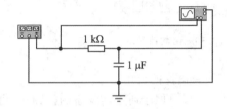

图 1.5.54 RC 电路仿真

2) 电路文件保存与打开

电路生成后可以将其保存为电路文件,以备调用。方法是选择 File(文件)|Save As(另存为)命令,弹出相应的对话框后,选择合适的路径并输入文件名,再按下"确定"按钮即完成电路文件保存。EWB 5.0 会自动为电路文件添加后缀.EWB。若需要打开电路文件,可选择 File(文件)|Open(打开)命令,弹出相应对话框后,操作方法与保存文件类似。保存与打开文件也可以使用工具栏的有关按钮。

3) 电路的仿真实验

仿真实验开始前双击函数信号发生器的图标来打开其面板,根据电路要求设置函数信号发生器的参数。双击示波器的图标打开其面板,准备观察被测试波形。

按下电路启动/停止开关,仿真实验开始;若再次按下启动/停止开关,仿真实验结束。如要使实验过程暂停,可单击屏幕左上角的 Pause(暂停)按钮,也可按 F9 键。再次单击 Pause 按钮或按下 F9 键,实验恢复运行。

电路启动后,需要调整示波器的时基和信号幅度控制,使波形显示正常。此外,为了便于观察示波器波形,可以选择 Analysis|Analysis Options|Instruments 选项,在弹出的对话框中,对有关示波器的选项进行设置,如图 1.5.55 所示。

一般情况下,示波器连续显示并自动刷新所测量的波形。如果希望仔细观察和读取波形数据,则可以设置选中 Pause after each screen(示波器屏幕满暂停)选项。当显示波形到达屏幕右端时,分析会自动暂停;如要恢复运行,可单击 Pause 按钮或按 F9 键。在分析进行过程中,也可单击 Pause 按钮或按 F9 键随时暂停(或恢复)波形的显示。

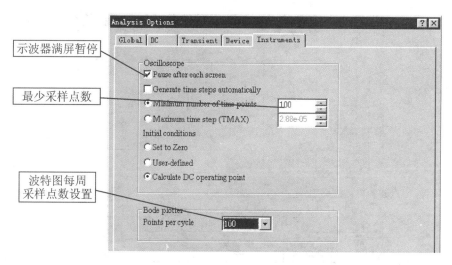

图 1.5.55　示波器和波特图仪的参数设置

如果对波形读数的精度要求较高,则可以增加 Minimum number of time points (每周期最少采样点数)的数值。该选项的默认设置为 100。但增加这个数值将增加分析的运算量和运行时间。也可以选择 Generate time steps automatically(自动产生时间步长),则 Minimum number of points 和 Maximum time step 两项由程序自动设置。建议在一般情况下以采用后一种设置方法为好。如果计算机速度较快,则可考虑增加最少时间点数的设置值。

若要使示波器的显示的波形幅度、宽度适当,应调整 Time base(时基)和 y 轴刻度。调整好的示波器的面板如图 1.5.56 所示。从图中可以看出,输入波形为矩形波,输出波形是三角波。

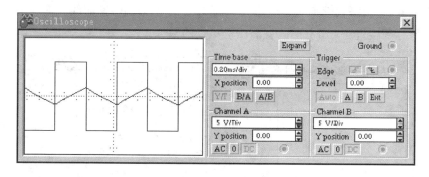

图 1.5.56　积分电路的波形

单击图 1.5.56 中的 Expend(扩展)按钮可以扩展示波器的面板,并可利用读数游标读取输入、输出波形的幅值、周期(如图 1.5.57 所示)。从图中可以读出:输入矩形波的幅值为 20 V;输出三角波的幅值为 4.9 V;输入、输出波形的周期为 1 ms。

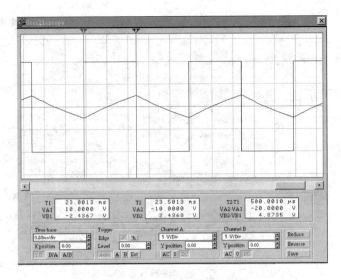

图 1.5.57 示波器的扩展面板

4) 观测积分电路的幅频特性

去除电路中的示波器,将波特图仪从仪器库拖出,并与积分电路的输入、输出连接,如图 1.5.58 所示。

打开波特图仪的面板,设置垂直幅度的 I(初值)和 F(终值)分别为 0 dB 和 -20 dB,设置水平轴的 I(初值)和 F(终值)分别为 1.0 MHz 和 1.0 kHz。

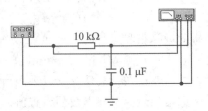

图 1.5.58 幅频特性测试连线图

启动电路工作,仪器面板上将出现如图 1.5.59 的幅频特性曲线。拖动面板左边的读数游标到接近 -3 dB 位置,就能读取该点的数据。

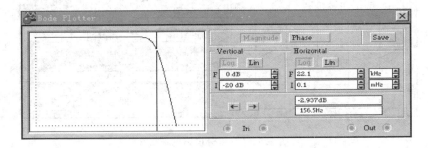

图 1.5.59 RC 电路的幅频特性曲线

若需要提高读数的精度,可以选择 Analysis|Analysis Options|Instruments 选项,在弹出的对话框中增加波特图采样点数的设置值,其默认设置为 100。增加这个

值的代价是增加运行时间。此外,还可以缩短频率轴的范围,展开感兴趣频段的显示曲线,提高读数的精度。波特图仪面板参数修改后,建议重新启动电路,以确保曲线的精确显示。

5) 实验结果的输出

输出实验结果的方法有许多种,可以保存电路文件;也可以用 Windows 的剪贴板输出电路图或仪器面板(包括显示波形);还可以打印输出。

(1) 保存电路

保存电路文件的方法前面已经介绍过。

(2) 使用剪贴板

使用剪贴板很方便。可以选择 Edit(编辑)|Copy bits(比特图形)命令,此时鼠标器指针成为十字形。将该十字指针移动到电路工作区,按下鼠标左键然后拖动形成一个矩形,再释放鼠标按键。这时包围在该矩形区域内的图形即被输出至剪贴板。若要打开剪贴板观察剪贴的图形,可以选择 Edit(编辑)|Show Clipboard(显示剪贴板)命令。当然也可以使用 Windows 本身提供的操作方法切换至剪贴板。传送至剪贴板的内容可以再使用 Windows 本身所提供的"粘贴"(Paste)方法传送至其他文字或图形编辑程序。这种方法可以用于实验报告的编写。

(3) 打印输出

选择 File(文件)|Print(打印)命令,将弹出图 1.5.60 打印选项对话框,可以选择电路中需要打印的各个部分。其中 Schematic(电路图)总是选中的,其他部分为可选项。例如,在 Circuit 一组选项中,可以选择是否打印 Description(电路描述)、Parts list(器件列表)等;在 Instruments 一组选项中,可以选择是否打印 Multimeter(万用表)、Oscilloscope(示波器)等。按下 Setup 按钮可调出打印机设置对话框。其

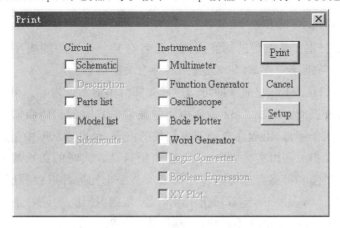

图 1.5.60　打印机选项设置

设置方法与 Windows 的打印机设置方法相同,这里不再赘述。选择 File(文件)|Print Setup(打印设置)命令也同样可以调出打印机设置对话框。全部设置完成后,按下 Print(打印)按钮执行打印输出。

6) 电路的描述

选择 Window(窗口)|Description(描述)命令可以打开电路描述窗口,如图 1.5.61 所示。可以在该窗口中输入有关实验电路的描述内容。电路描述窗口的内容将随电路文件一起保存供以后查阅。在一般情况下可以关闭电路描述窗口,使电路工作区具有较大的面积。

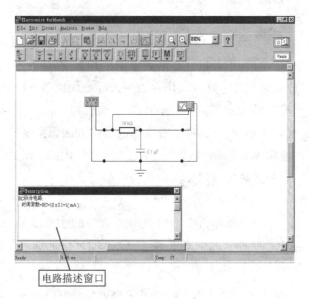

图 1.5.61　电路描述窗口

4. 帮助功能的使用

EWB 5.0 提供了联机帮助功能。在设计者对某一分析功能或操作命令没有把握时,可以使用帮助菜单或 F1 键,去查阅各种有关的信息。

选择 Help|Help Index 命令即可调用和查阅有关的帮助内容。可以按目录或主题搜索方式进行查阅。图 1.5.62 是使用主题搜索方式时的初始画面。可以输入要查找单词的头几个字母,由程序自动搜索相关的内容;也可以从图中下面的滚动框中按字母顺序寻找相关的内容。图 1.5.63 是使用目录方式时的初始画面。由该画面可以层层深入阅读各种感兴趣的内容。如果对某一个元器件或仪器感兴趣,那么可以"选中"该对象,然后按 F1 键或单击工具栏的"帮助"按钮,与该对象相关的内容即会自动弹出。图 1.5.64 是有关三端、五端运放的帮助内容。

联机帮助内容使用起来非常方便,建议读者充分利用。

图 1.5.62　主题搜索方式的帮助画面

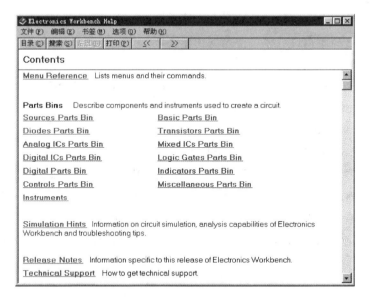

图 1.5.63　目录方式的帮助画面

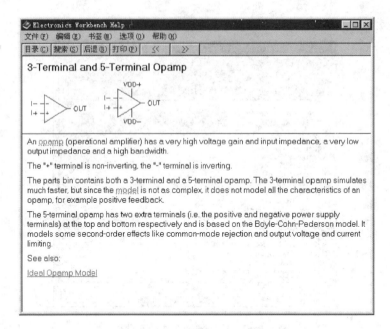

图 1.5.64　三端、五端运放的帮助内容显示

思考题

(1) EWB 的主窗口有哪些使用的功能区域？

(2) EWB 的工具栏有哪些？

(3) EWB 主窗口元器件库栏中各元件库的图标和名称是什么？

(4) 用 EWB 画电路图时，如何删除与改动元件的连线？

(5) 用 EWB 画电路图时，如何调整弯曲的导线？

(6) 用 EWB 画电路图时，如何删除与改动元件的参数？

(7) EWB 5.0 的仪器库存放几种仪器可供使用？每一种仪器有几台？

(8) EWB 5.0 仪器库的示波器图标是什么样？图标上的 4 个小框表示什么？

(9) EWB 5.0 仪器库的函数信号发生器，其图标和面板上各有哪些设置？

(10) 如何用 EWB 5.0 的仪器和元器件来完成测量日光灯电路的仿真实验图？

第6章 常用元件及其测量方法

6.1 常用元件介绍

1. 电阻元件

1) 电阻和电位器的类型

电阻有普通型和特殊型两类。普通电阻有可调和不可调两种。它们又可分为碳膜、金属膜和线绕等类型,热敏、光敏、压敏等电阻是特殊种类。

几种常用电阻的特点:

① 碳膜电阻:成本低廉,性能一般。

② 金属膜电阻:性能好,体积小,成本较高。

③ 线绕电阻:精确度较高,工作稳定可靠,耐热性能好,可在大功率场合中应用。

④ 电位器:一种电阻值连续可调的普通电阻元件。

薄膜电位器按轴旋转角度与实际阻值间的变化关系,可分为 X 式线性电位器、Z 式指数电位器和 D 式对数电位器。X 式线性电位器的允许偏差分为 ±0.06%、±0.1%、±0.3%、±1%、±2% 五个等级。电位器可以带开关,也可以不带开关。

常用的电位器有:WTX 型小型碳膜电位器、WTH 型合成碳膜电位器、WHJ 型精密合成膜电位器、WS 型有机实芯电位器、WX 型线绕电位器和 WHD 型多圈合成膜电位器。

2) 电阻和电位器的符号

电阻的文字符号:如图 1.6.1 中的 R_1 和 R_2 表示电阻,RP_1 和 RP_2 表示排电阻。

电阻的图形符号:如图 1.6.1 图中 R 和 RP 表示的电阻和排电阻的图形符号。其中图(a)是欧洲标准画法,图(b)是中国和美国标准画法。

电位器的文字符号:如图 1.6.1 中的 W_{1a} 和 W_{2a} 表示可调电阻,W_1 和 W_2 表示电位器。

电位器的图形符号:如图 1.6.1 图中 W_a 和 W 表示可调电阻和电位器的图形符号。其中图(a)是欧洲标准画法,图(b)是中国和美国标准画法。

图 1.6.1 所示的图形符号是采用 Protel 99 软件绘图时常用的符号。

3) 电阻和电位器的型号

电阻和电位器的型号表示一定的意义,其型号的命名由主称、材料、分类、序号四

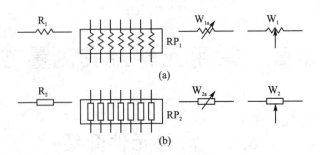

图 1.6.1 电阻和电位器常用的文字符号与图形符号

部分组成,如表 1.6.1 所列。

表 1.6.1 电阻和电位器的型号命名

第一部分 用字母表示主称		第二部分 用字母表示材料		第三部分 用数字或字母表示分类		第四部分 用数字表示序号
符号	意义	符号	意义	符号	意义	意义
R W	电阻 电位器	T	碳膜	1、2	普通	包括: 额定功率 阻值 容许误差 精度等级
		P	硼碳膜	3	超高频	
		U	硅碳膜	4	高阻	
		H	合成膜	5	高温	
		I	玻璃釉膜	7	精密	
		J	金属膜	8	高压或特殊函数*	
		Y	氧化膜	9	特殊	
		S	有机实芯	G	高功率	
		N	无机实芯	T	可调	
		X	线绕	X	小型	
		R	热敏	L	测量用	
		G	光敏	W	微调	
		M	压敏	D	多圈	

注: * 第三部分数字 8,对于电阻表示"高压"、对于电位器表示"特殊函数"。

例如:	R	J	7	1	0.125	5.1k	01
	主称	材料	分类	序号	功率	标称阻值	容许误差
	电阻	金属膜	精密	普通	1/8 W	5.1k	01 级±1%

4)电阻和电位器的主要参数

(1)标称阻值

标称阻值指标准化了的电阻和电位器值。标称阻值组成的系列为标准系列。表 1.6.2 为常用固定电阻的标称系列表,表 1.6.3 为常用电位器的标称系列表。任何固定电阻或电位器的标称阻值均应符合表 1.6.2 中的数值或某系列数值乘以

10^n,其中 n 为正整数或负整数。

表 1.6.2 常用固定电阻的标称系列

项 目	数 值		
允许偏差	±5%	±10%	±20%
系列代号	E24	E12	E6
系列值	1.0,1.1,1.2,1.3,1.5,1.6, 1.8,2.0,2.2,2.4,2.7,3.0, 3.3,3.6,3.9,4.3,4.7,5.1, 5.6,6.2,6.8,7.5,8.2,9.1	1.0,1.2,1.5,1.8, 2.2,2.7,3.3,3.9, 4.7,5.6,6.8,8.2	1.0,1.5, 2.2,3.3, 4.7,6.8

表 1.6.3 常用电位器的标称系列

名 称	线绕电位器	薄膜电位器
允许偏差	±1%,±2%,±5%,±10%	±5%,±10%,±20%
系列值	E12 或 E6	E12 或 E6

从表 1.6.3 中可以看出,标称系列中的数值大部分不是整数。这样规定的原因是为了保证在同一系列中,相邻两个数中较小数的正偏差与较大数的负偏差可彼此衔接或稍有重叠,从而使得生产厂家所生产的全部产品都包括在规定的标称系列中,符合技术指标的要求。

(2) 阻值的允许偏差

阻值的允许偏差是指电阻的实际阻值与规定阻值之间的偏差范围,以允许偏差的百分数表示。常用电阻的允许偏差等级及相应的允许误差如表 1.6.4 所列。

表 1.6.4 电阻值允许偏差等级与允许偏差百分比对照表

允许偏差等级	005	01	I	II	III
允许偏差	±0.5%	±1%	±5%	±10%	±20%

有几种表示电阻允许偏差的方法:有的标注允许偏差等级;有的标注允许偏差的百分比;有的用色环表示。电阻的允许偏差一般都标在电阻上。

(3) 电阻的额定功率

电阻的额定功率是常温下,电阻能长期连续工作而不改变性能的允许功率。

电阻的额定功率分 19 个等级,其中常用的有 1/16 W,1/8 W,1/4 W,1/2 W,1 W,2 W,4 W,5W,…,500 W 等。额定功率一般以数字形式或色环形式直接标印在电阻上,小于 1/8 W 的电阻因体积太小常不标出。

薄膜电阻的额定功率一般在 2 W 以下,大于 2 W 的电阻多为绕线电阻,额定功率较大的电阻体积也较大。

选用电阻时要按实际耗散功率的 2 倍左右来确定额定功率。

5) 电阻和电位器的识别

(1) 电阻表面的标注规则

① 1 Ω 以下的电阻,要在阻值后面加"Ω"符号,如 0.1 Ω。

② 1 kΩ 以下的电阻,可以只写数字不写单位。如 5.5 Ω 可写成 5.5,100 Ω 可写成 100。

③ 1 kΩ～1 MΩ 的电阻,可以直接用词头 k 表示,如 3 600 Ω 可写成 3.6k。

④ 1 MΩ 以上的电阻,可以直接用词头 M 表示,如 1 200 000 Ω 可写成 1.2M。

⑤ 还有一种常用的三位数表示法,就是用三位自然数表示电阻的大小,前两位表示有效数字,第三位表示有效数字后所加的零的个数,单位是"Ω",如 1.2M 可表示为 124。这种表示法也常用于标注电容(单位是皮法"pF")和电感(单位是微亨"μH")的参数。

(2) 电位器表面的标注规则

如电位器上标注 103、101 等数字,前两位为有效数字,第三位数字表示乘以 10 的 n 次方幂指数($n = 1,2,3\cdots$)。则 103 表示 $10 \times 10^3 = 10$ kΩ;101 表示 $10 \times 10^1 = 100$ Ω。

(3) 电阻表面的色标

电阻的阻值和允许偏差一般都用数字标印在电阻上。体积很小的电阻和表贴电阻,其阻值和允许偏差常用色环标在电阻上,或用三位数表示法标在电阻器件表面上(不含允许偏差)。

色环表示法如图 1.6.2 所示,从电阻的一端开始画有 4 道或 5 道(精密电阻)色环。其中表示电阻值有效数字的是第一、第二及精密电阻的第三道色环,紧随后面的色环表示前面的数字还要乘以 10^n(代表幂指数 n)。

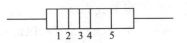

图 1.6.2　电阻的色环

表示允许偏差的是最后一道色环。它与前面色环的间隙要大一些,其颜色和数值的关系如表 1.6.5 所列。

表 1.6.5　电阻的色标表

色别	黑	棕	红	橙	黄	绿	蓝	紫	灰	白	金	银	本色
第一位数字	0	1	2	3	4	5	6	7	8	9			
第二位数字	0	1	2	3	4	5	6	7	8	9			
第三位数字	0	1	2	3	4	5	6	7	8	9			

续表 1.6.5

色别	黑	棕	红	橙	黄	绿	蓝	紫	灰	白	金	银	本色
10 的方幂	0	1	2	3	4	5	6	7	8	9	0.1	0.01	
允许偏差		F (±1%)	G (±2%)		D (±0.5%)	C (±0.25%)	B (±0.1%)				J (±5%)	K (±1%)	±20%

例如：一个电阻其色标第一环为黄色，第二环为黑色，第三环为橙色，第四环为本色，这就表示，$40 \times 1\,000 = 40\ \text{k}\Omega \pm 20\%$。

2. 电容元件

1) 电容的类型

电容的类型很多，按电容值是否可以改变，可分为可变电容、半可变电容(微调电容)和固定电容；按电容材料，又可分为纸介电容、薄膜电容、云母电容、瓷介电容、金属电解电容等。

几种常用电容的特点：

① 纸介电容：体积小，容量可做大，因此电感和损耗也大，适用于低频。

② 金属化纸介电容：比纸介电容的体积更小。

③ 薄膜电容：涤纶膜电容介电常数高，体积小，容量大，低频适用；聚苯乙烯膜电容介质损耗小，绝缘电阻高，但温度系数大，适用于高频。

④ 云母电容：绝缘电阻高，介质损耗小，温度系数小，但容量小，适用于高频。

⑤ 瓷介电容：体积小，损耗小，容量小，耐热性能好，绝缘电阻高，适用于高频；铁电瓷介电容容量大，损耗大，温度系数也大，适用于低频。

⑥ 铝电解电容：有正负极性，容量大，漏电大，稳定性差，适用于电源滤波及低频旁路、隔直。

⑦ 钽、铌电解电容：介电常数高，体积小，容量大，漏电小，寿命长，工作温度范围大，但耐压小(小于 100 V)。

⑧ 微调电容：介质有空气、陶瓷、云母、薄膜等。它的两个极板的间距、面积和相对位置可调。

⑨ 可变电容：介质有空气、聚苯乙烯两种，前者体积大，损耗小，适用于高频。它由一组定片和一组动片组成，其容量随动片的转动而连续改变。

2) 电容的符号

常用的电容符号如图 1.6.3 所示。图中 C_1 是固定电容，C_2 是电解电容。

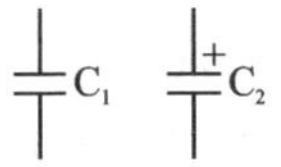

图 1.6.3 电容符号

3) 电容的型号

电容型号的命名法与电阻一样，由主称、材料、分类和序号四部分组成。固定电容和微调电容的型号如表1.6.6所列(也有例外,如有些厂家的产品按企业标准命名)。

表1.6.6 电容型号表示

第一部分		第二部分		第三部分		第四部分
主 称		材 料		分 类		序 号
符号	表示	符号	表示	符号	表示	
C	电容	C	高频瓷	T	铁电	(字母/和数字)
		T	独石或低频瓷	W	微调	
		I	玻璃釉	J	金属化	
		Y	云母	X	小型	
		V	云母纸	D	低压	
		Z	纸介	M	密封	
		J	金属化纸	Y	高压	
		B	聚苯乙烯或聚丙烯薄膜	C	穿芯式	
		L	涤纶等有极性有机薄膜	G	高功率	
		Q	聚酯			
		H	纸膜复合			
		D	铝电解			
		A	钽电解			
		G	金属电解			
		N	铌电解			
		E	其他材料电解			
		O	玻璃膜			
		Q	聚碳酸酯			
		F	聚四氟乙烯			

例如: C　　　C　　　G　　　1　　　—63 V　　　—0.01 μF　　　Ⅱ
　　　 主称　　材料　　分类　　序号　　耐压　　　标称容量　　容许误差
　　　 电容　　高频瓷　高功率　　　　　63 V　　　0.01 μF　　Ⅱ级±20%

4) 电容的性能参数

(1) 电容的耐压

电容的耐压又称为电容的直流工作电压,它是指在保证电容长期可靠地工作的前提下所能承受的最大电源电压。要注意的是,在交流电路中所加的交流电压的最大值不能超过电容的耐压值。

(2) 电容的允许偏差

电容容量的允许偏差直接以允许偏差的百分数表示。常用固定电容允许偏差的等级如表1.6.7所列。

表1.6.7 常用固定电容允许偏差的等级

等级	02	Ⅰ	Ⅱ	Ⅲ	Ⅳ	Ⅴ	Ⅵ
允许偏差/(%)	±2	±5	±10	±20	−30～+20	−20～+50	−10～+100

(3) 电容的标称容量

电容的标称容量是指在电容表面标出的电容数值。常用固定电容的标称容量系列如表1.6.8所列。

表1.6.8 固定电容的标称容量系列

名 称	容量范围	标称容量系列	允许偏差
纸介 金属化纸介	100 pF～1 μF	1.0 pF,1.5 pF,2.2 pF, 3.3 pF,4.7 pF,6.8 pF	±5% ±10%
纸膜复合介质 低频有极性有机薄膜介质	1 μF～100 μF	1 pF,2 pF,4 pF,6 pF,8 pF, 10 pF,15 pF,20 pF,30 pF, 50 pF,60 pF,80 pF,100 pF	±20%
高频无极性有机薄膜介质 瓷介 玻璃釉		E24 E12 E6	±5% ±10% ±20%
云母		E6	±20%以上
铝电解 钽电解 铌电解		E6(容量单位为μF)	±10% ±20% −20%～+50% −10%～+100%

(4) 电容的绝缘电阻

电容两个极板之间的电阻称为绝缘电阻,亦称漏电电阻。绝缘电阻越小,漏电越严重。电容漏电会引起能量损耗并导致电容发热,影响电容的寿命,还会影响电路的正常工作。

5) 电容的识别

(1) 较大体积的电容,直接标耐压值和电容量,如电解电容100 V 3 300 μF。

(2) 较小体积的电容,不标耐压值(通常都高于25 V)。电容表面的标注方法是:

① 容量小于1 000 pF时用pF作标记;

② 容量大于1 000 pF时用μF作单位;

③ 小于1 μF的电容通常不标单位;

④ 没有小数点的电容量其单位是pF;

⑤ 有小数点的电容量其单位是 μF。

例如，2 200 就是 2 200 pF，0.1 就是 0.1 μF。

(3) 太小体积的瓷片电容和表贴电容，只用三位自然数来表示标称容量。此方法以 pF 为单位，前两位表示有效数字，第三位表示有效数字后面的 0 的个数（9 除外）。例如 105 代表 $10×10^5$ pF＝1 000 000 pF＝1 μF。

如第三位数字是 9，则代表"×0.1"，例如 339 代表 33×0.1 pF＝3.3 pF。

另外，要注意如果三位自然数后面带有英文字母，这里的英文字母不是数量单位，而是表示误差等级。例如 684K，K 对应于±10％，684K＝68×10^4 pF±10％＝0.68 μF±10％。

(4) 一些进口的电容用 nF 或 μF 作单位，1 nF＝10^3 pF，1 μF＝10^6 pF。这种标注方法通常把 n 放在小数点的位置，如 3 300 pF 常常标成 3n3，而不标成 3.3nF。也有用 R 作为"0."来用的，如把 0.68 F 标成 R68 F。

3．电感元件

1）电感的分类

按工作频率分类，常用电感分为低频和高频两大类。

(1) 低频电感

低频电感有铁芯变压器和低频扼流圈两种。铁芯变压器又可分为电源变压器和音频变压器。铁芯变压器和低频扼流圈都是用漆包线在 B 型或 C 型硅钢片叠压而成的铁芯上绕制而成，电感量很大。

(2) 高频电感

高频电感有高频电感线圈和铁氧体磁芯变压器两种。高频电感线圈又分为谐振线圈和高频扼流圈以及耦合线圈。高频扼流圈一般是空心电感线圈或带磁芯微调电感线圈。耦合线圈一般是带中心抽头的或分初级、次级的空心或带磁芯电感线圈，有的可以微调。

2）电感的符号

电感的文字符号和图形符号如图 1.6.4 所示。其中：

➢ L1 是空心电感线圈；

➢ L2 是可变空心电感线圈；

➢ L3 是磁芯电感线圈；

➢ L4 是铁芯电感线圈；

➢ L5 是可变磁芯电感线圈；

➢ L6 是屏蔽铁芯线圈；

➢ L7 是普通变压器；

➢ L8 是屏蔽变压器。

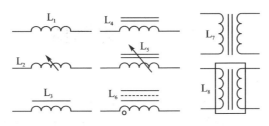

图 1.6.4 电感的符号

3）电感的性能参数

（1）电感 L

电感的大小主要由铁芯或铁氧体的导磁率 μ 和电感线圈的匝数 N、直径 D、长度 L 来决定。单位见表 1.1.1。

（2）品质因数 Q

电感的品质因数 Q 是表征电感质量的参数，它与电感线圈的电阻和电感量有关。

（3）额定电流

电感的额定电流主要由线圈导线直径的大小决定。

（4）寄生电容

电感的寄生电容与电感线圈的长度、直径和绕制方法有关。

4）电感的识别方法

大多数将电感量直接打印在线圈上。当线圈较小时，也有用色标来表示电感量的，但在国标上没有这种规定，若要确定有关参数，需要查阅生产厂商的说明书。

4．思考题

（1）选用电阻时应考虑哪些指标？

（2）电阻上有几道色环？每道色环代表什么含义？

（3）用万用表实测若干电阻并与色环进行对照。

（4）若色环是棕橙红金，它们分别表示什么？它们表示的标称值是多少？

（5）测电阻值时，能否用双手同时接表笔两端？

（6）选用电容时应考虑哪些指标？

（7）电解电容上标注了什么？

（8）有两个进口的电容，分别标注 2n2 和 R22F，问它们各自表示什么？

（9）电容的耐压指什么？选择耐压值时要注意什么？

（10）电感是如何分类的？

（11）说出电感的三个最主要的性能参数。

（12）电感的品质因数 Q 是表征什么的参数？它是如何表征的？

6.2 参数的测量

1. 电阻的测量

电阻的测量方法很多,有直接测量法和间接测量法。

直接测量法是直接用欧姆表、电阻电桥或数字欧姆表来测量。

间接测量法是根据欧姆定律 $R=U/I$,通过测量流入电阻的电流 I 及电阻上的电压降 U 来间接测量电阻值。

下面介绍用欧姆表、电阻电桥测量电阻的方法。

1) 欧姆表测量电阻

在测量精度要求不高的情况下,可直接用欧姆表测量。欧姆表的原理在第 2 章已有描述。其简化原理图 1.6.5 所示,其中 R 为调零电位器,R_1 为限流电阻,M 为微安表表头,R_M 为微安表的内阻,R_x 为被测电阻,E 为电池,一般为 1.5 V,若测较高阻值,E 要相应提高。

在图 1.6.5 中,欧姆表的总内阻 $R_i = R_0 + R_1$,R_0 是 R 和 R_M 的并联值。流过微安表的电流 I_M 与被测电阻 R_x 之间有一定的函数关系。当被测电阻 R_x 为零时,流过表头的电流 I_M 最大,电表满偏;R_x 为 ∞ 时,$I_M = 0$。可见,欧姆表的刻度增加的方向与微安表的相反。

当 $R_x = R_i$ 时,流过微安表的电流为 $I_M/2$。此时指针在欧姆表表头的正中,该刻度的阻值为欧姆表的中值电阻。欧姆表中值电阻等于欧姆表该挡总内阻。用欧姆表测电阻时,在中值电阻附近测量精度高。

2) 用电阻电桥测电阻

在测量精度要求较高的情况下,用电阻电桥(惠斯顿电桥)来测量。测量原理如图 1.6.6 所示。图中 G 为检流计,R_1、R_2 为比率臂电阻,R_s 为标准臂电阻(比较臂),

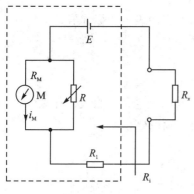

图 1.6.5 欧姆表原理图

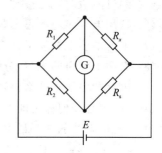

图 1.6.6 惠斯顿电桥

R_x 为被测电阻。当电桥平衡时,检流计 G 中的电流为零,可得到被测电阻阻值为 $R_x=(R_1/R_2)R_s$。

令 $K=R_1/R_2$ 为比率系数,则 $R_x=K\times R_s$。R_s 采用电位器单独调节。测量时接上被测电阻 R_x,接通电源 E,调节 K 和 R_s 值使检流计中电流为零,读出 K 和 R_s 值,就能计算出 R_x 值。

2. 电容的测量

由于实际电容的介质损耗存在,在一定频率范围内工作时,电容可等效为电容 C_s 和电阻 R_s 串联,如图 1.6.7(a)所示;也可等效为电容 C_p 和电阻 R_p 并联,如图 1.6.7(b)所示;一般情况下,C_p、R_p 与 C_s、R_s 不相等。由此,电容需测出 C_p、R_p 或 C_s、R_s。

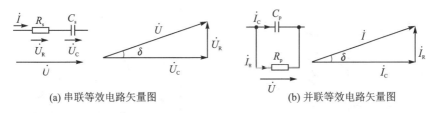

(a) 串联等效电路矢量图　　　　　　(b) 并联等效电路矢量图

图 1.6.7　电容的等效电路及电流、电压关系相量图

当介质损耗较小时,可认为 $C_p\approx C_s\approx C$,$R_p\gg R_s$。此时只需测量 C 和介质损耗角 δ,$\tan\delta$ 为损耗因数,其倒数为电容的品质因数 Q_c。

测量电容仍可以使用电桥,但必须用交流电桥,原理与直流电桥相同,只是电源用正弦交流电源。下面介绍两种电容测量方法。

1) 用串联电阻式电容电桥测量电容

串联电阻式电容电桥原理图如图 1.6.8 所示。电桥平衡时,有:$I_g=0$。电桥平衡条件为 $Z_x Z_2=Z_1 Z_n$。

要满足 $Z_x Z_2=Z_1 Z_n$,等式两边模和相角要分别相等。因此组成电桥的四个臂不能是任意的四个阻抗,必须是能调到平衡的四个阻抗。图 1.6.8 中 Z_1、Z_2 为纯阻性,即 $\phi_1=\phi_2=0$,$\phi_1=\phi_2$。被测阻抗 Z_x 为容性,则 Z_n 也必须为容性阻抗。

电桥调到平衡,即 $Z_x Z_2=Z_1 Z_n$

有 $[R_x+1/(j\omega C_x)]R_2=R_1[R_n+1/(j\omega C_n)]$

从上式得

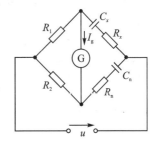

图 1.6.8　串联电阻式电容电桥

$$\begin{cases} C_x=(R_2/R_1)C_n \\ R_x=(R_2/R_1)R_n \end{cases}$$

其损耗因数为　　　　　$\tan\delta=\omega C_x R_x=\omega C_n R_n$

2) 用谐振法测量电容

图1.6.9是用并联谐振回路测量电容的电路。图1.6.9中的正弦信号经过R_1、R_2分压后供给L和C_x组成的并联谐振回路。LC_x并联回路从电阻R_2上取电压,限制了并联回路两端电压不致过高。正弦信号串入大电阻R_1,则是为了使信号源近似为恒流源。调节信号源频率f,同时保持I_g不变,这时回路两端电压与信号源频率f之间关系如图1.6.10的谐振曲线所示。

当$f=f_0$时,U最大,信号源频率和电容的关系是:

$$f_0 = \frac{1}{2\pi\sqrt{LC_x}} \qquad C_x = \frac{1}{(2\pi f_0)^2 L}$$

式中:L为标准电感线圈的电感量,是已知值;f_0由信号发生器的频率显示读出。

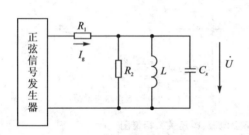

图1.6.9 谐振法测量电容

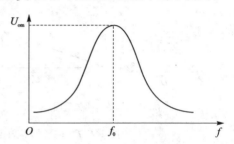

图1.6.10 谐振回路谐振曲线

电容测量仪(Q表)即是利用谐振法测量电容的电容量和损耗因数的。此外,Q表还可以测量线圈的电感量、品质因数和线圈之间的互感等。

3. 电感的测量

图1.6.11(a)和(b)所示实际电感的等效电路及矢量图。可见,实际电感与实际电容有一定的对应关系,因此测量电感的方法与测量电容的方法相似,可用电桥法和谐振回路法进行测量,测量电感的常用电桥有海式电桥、麦克斯韦电桥。

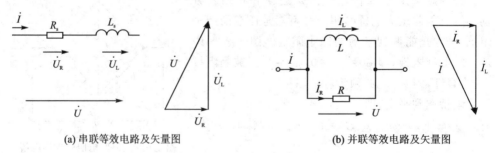

(a) 串联等效电路及矢量图　　　　　　(b) 并联等效电路及矢量图

图1.6.11 电感的等效电路及电流、电压关系相量图

1) 海式电桥测量电感

用海式电桥(如图 1.6.12 所示)测量电感时,计算电感线圈参数的公式为

$$L_x = R_1 R_2 C_n / [1 + (1/Q_n)^2]$$
$$R_x = (R_1 R_2 / R_n)[1/(1 + Q_n^2)]$$
$$Q_n = 1/(\omega C_n R_n)$$
$$Q_x = \omega L_x / R_x = Q_n = 1/(\omega C_n R_n)$$

式中:Q_x 为被测电感线圈的品质因数;ω 为信号源角频率。

海式电桥只适用于测量 Q_x 值较高的电感线圈。若线圈 Q_x 值小,则须使电桥中的 C_n 或 R_n 值增大。若 R_n 增大,则电桥的灵敏度降低。C_n 是标准电容,制造较大的标准电容是困难的。

2) 用麦克斯韦电桥测量电感

线圈 Q_x 值较低时,使用麦克斯韦电桥(如图 1.6.13 所示)测量电感。麦克斯韦电桥所用 C_n 和 R_n 可以较小,不会给测量带来问题。

用麦克斯韦电桥测量电感时,计算电感线圈参数的公式为

$$L_x = R_1 R_2 C_n$$
$$R_x = R_1 R_2 / R_n$$
$$Q_x = \omega L_x / R_x = \omega C_n R_n$$

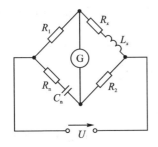

图 1.6.12 海式电桥原理图

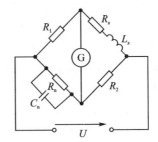

图 1.6.13 麦克斯韦电桥原理图

6.3 电量的测量

电量测量的内容很多,包括:电压、电流、功率、波形、频率和相位等参数的测量。其中仅描述电量大小的物理量就有瞬时值、平均值、有效值、峰值、峰-峰值等。在电路分析中,有时需要应用电量不同的值。它们之间有一定的互换关系,如表 1.6.9 所列。

表 1.6.9　电压的平均值、有效值、峰值、峰-峰值之间的转换系数

给定值	转换值			
	平均值	有效值	峰值	峰-峰值
平均值	1	1.11	1.57	3.14
有效值	0.900	1	1.414	2.83
峰值	0.637	0.707	1	2.00
峰-峰值	0.318	0.354	0.500	1

电量的测量主要分两大类。其一是直流电的测量；其二是交流电的测量。下面介绍这两类电量的测量方法。

1. 直流电的测量

直流电的测量包括：直流电压、直流电流、功率等参数的测量。其测量内容和方法如表 1.6.10 所列。

表 1.6.10　直流电的测量内容和方法

测量内容		电　压	电　流	功　率
测量方法	直读测量法	直流电压表或万用表电压挡并联搭接在被测元件两端，直接测得其平均值	直流电流表或万用表电流挡串联在被测支路中，直接测得其平均值	功率表电流线圈串联在被测电路中，电压线圈并联在电路两端
	示波器测量法	示波器接在被测元件两端，从波形测得其最大值	在电路中串联一已知小电阻，从电阻的电压波形最大值计算出电流最大值	—
	间接测量法	已知电流测电阻，计算电压；已知电阻测电流，计算电压平均值	已知电压测电阻，计算电流；已知电阻测电压，计算电流平均值	已知电压测电流，计算功率或已知电流测电压，计算功率

2. 交流电的测量

交流电的参数比直流复杂得多，因此交流电的测量内容比直流电多。交流电的测量有：交流电压、交流电流、功率、波形、频率和相位等参数的测量。描述交流量大小的物理量就有瞬时值、有效值、峰值和峰-峰值等。交流量的测量内容和方法如表 1.6.11 所列。

表 1.6.11 交流电的测量内容和方法

测量内容		电 压	电 流
大小	直读测量法	交流电压表并联在被测元件两端,直接测得交流电压的有效值	交流电流表串联在被测支路中,测得交流电流的有效值
	示波器测量法	示波器探头并联在被测元件两端,从显示波形所占的格数,得出交流电压的各瞬时值和最大值(扫描微调应为零)	在电路中串联一已知小电阻,从电阻的电压波形测出其电压的瞬时值、最大值,再计算电流的瞬时值、最大值
	间接测量法	已知电流,测阻抗,计算电压的有效值;已知阻抗,测电流,计算电压的有效值	被测电路中串联电阻测电压,计算电流的有效值
波形	直接测量法	示波器探头并在被测元件两端,直接观察交流电压的波形	被测电路中串联电阻,观察的电阻电压波形可近似替代为电流波形
频率	直接测量法	用频率计可以直接测得被测元件的电压频率,此方法直观、方便	被测电路中串联电阻,测得电阻电压的频率可近似认为是电流的频率
	示波器测量法	示波器测得交流电压波形的周期 T,频率 $f=1/T$	被测电路中串联电阻,示波器测得电阻电压的频率可替代为电流频率
	电子计数器测量法	将电压变成序列脉冲,测其周期数,以确定频率,此方法测量的准确度高	将电流变成序列脉冲,测其周期数,以确定频率,此方法测量的准确度高
相位	直接测量法	用相位计直接测量被测电压的相位差值,此方法直观、方便	用相位计直接测量可替代电流的电压相位差值,此方法直观、方便
	李沙育图形法	将两个电压分别输入示波器的 X、Y 通道,从显示的图形高度 a 和 b,算出相位差 $\phi=\arcsin(a/b)$	将两个能替代电流的电压分别输入示波器的 X、Y 通道,得到图形高度 a 和 b,算出相位差 $\phi=\arcsin(a/b)$
	示波器测量法	将两个电压分别输入双踪示波器的 Y_1、Y_2 通道,直接读出其相位差	用双踪示波器输两个能替代电流的电压进去,直接读出其相位差

表 1.6.10 和表 1.6.11 总结了常用量测量的内容和方法,但还有一些没列入表内,如交流电的功率测量等。交流电的功率测量常用方法是:利用功率表测量有功功率;电度表测量千瓦/小时(千瓦/小时＝1 度);其他量用间接测量法测量。

6.4 电工测量注意问题

初学者在电工测量时应注意以下问题:
① 测量前要清楚被测量的特性,选择合适的仪表和量程。
② 测量实验数据前,认真思考并计算,对电路的理论数据做到心中有数。测量过程中如果数据与理论计算有较大差距,要分析原因并及时解决。
③ 实验前做好充分准备,对实验的具体步骤有自己的理解和看法,一旦电路出

现故障,就能用理论知识去分析,并找出解决的办法。实验的过程就是加深对理论知识的理解和锻炼动手的能力的过程。

④ 测完实验数据后,对数据进行思考,配合回忆实验的过程。对每次实验测量过程的收获与不足做好总结,争取在下一次实验时能进一步提高。

思考题

(1) 欧姆表原理图 1.6.5 中流过表头的最大电流 I_M 等于多少?

(2) 欧姆表原理图 1.6.5 中流过微安表的电流 I_M 与被测电阻 R_x 之间的函数关系是什么?

(3) 实验室的功率表能测直流电的功率和交流电的功率吗?它们分别测得什么功率?

(4) 交流电的功率有哪些?用什么方法测量?它们之间满足什么关系?

(5) 从表 1.6.11 总结,通常测量电流采用什么方法?

(6) 测量电阻有几种方法?它们各有什么优点?

(7) 测量电容有几种方法?它们各有什么优点?

(8) 测量电感有几种方法?它们各有什么优点?

(9) 电压的平均值、有效值、峰值、峰-峰值之间满足什么关系?

(10) 测量电压的平均值、有效值、峰值、峰-峰值分别用什么方法最方便?

第二篇　电工实验

第 7 章　电工实验方法

7.1　电工基础性实验

电工基础性实验是电工学实验课中最基本的部分。这部分实验所涉及到的内容包括电工理论、仪器仪表的使用和基本电工测量及方法等。它对提高学生的电工理论水平、培养学生基本实验技能起到重要作用。

电工基础性实验主要是以常规的验证性实验为主。通过完成电工基础性实验可以加深对电工理论知识和有关概念的理解,为进行后续的电工提高性实验奠定实验基础,因此这部分实验是必做实验。

7.1.1　电工基础性实验的要求

1. 电路部分

- 掌握电路基本物理量的测量方法;
- 学会电信号波形参数的测量;
- 学会应用电路的基本定律进行分析;
- 掌握交、直流电能传输电路的基本构成及电路特性;
- 掌握三相交流电路构成原理及特点;
- 掌握暂态电路的特性,学会暂态电路应用的测量方法。

2. 电动机及控制部分

- 掌握单相变压器的基本性能;
- 认识常用的控制电器;
- 了解三相异步电动机的转动原理;
- 会识读三相异步电动机的铭牌数据;
- 了解三相异步电动机运行方式,掌握常用的控制方法。

7.1.2 电工基础性实验的操作方法

电工基础性实验的实验操作方法可参照下列步骤进行。

1. 认真预习

根据本教材实验中的预习要求认真预习。通过预习,对所要做的实验理论了解清楚,对所要做的实验内容心中有数。

2. 写预习报告

预习报告的内容见绪论。

3. 教师讲解

实验操作前,实验指导教师要讲解实验内容及仪器使用方法,并检查学生的预习情况。

4. 熟悉设备

教师讲解以后,学生首先要根据预习报告中的仪器、材料列表,清点检查所用的仪器仪表和材料,若发现问题应立刻向指导老师汇报。

确认所需仪器设备齐全后,记录其型号规格;了解仪器设备的接线端、接线端极性标志、刻度以及电源开关的位置;熟悉各旋钮位置及作用、仪表量程变换的方法等。

接线前应根据实验线路合理地放置仪表和实验器材,以便于接线、读数及操作,尽量做到整齐美观。布置仪表时还要避免电感线圈过于靠近电表而造成的读数不准。

5. 按图接线

接线时应注意选择导线的长度和直径,避免导线过长或过细;还要注意检查导线与接线叉、香蕉插头或鳄鱼夹是否焊接良好,接线柱是否松动,插头是否能插紧,接线时不要把几根导线同时接在一个接线端上。

电子仪器的输入、输出信号线一律用屏蔽电缆线。其芯线接红色鳄鱼夹表示信号接线端,其屏蔽层接黑色鳄鱼夹表示信号接地端。电子仪器的接地端应联在一起形成公共接地点,以避免引入干扰信号。

接线时应按图接线,养成按回路依次接线的习惯。在有串并联电路的场合,先接串联电路再接并联电路。

6. 按图查线

接线完成后应按图查线,同学之间互相检查。查线与接线的方法相同,即一个回路一个回路地查,或者一个节点一个节点地查。

在改接线路时应事先考虑如何改接,力求改接量最小,避免全部拆开重接。线路改接后,要重新检查电路,避免改接错误而造成短路事故。

7. 通电操作

接线完成后经检查无误,再检查电工仪器及设备各旋钮的位置,调压器的零位、滑线变阻器电刷的位置、稳压电源输出电压的挡级位置是否正常,以避免通电瞬间发生事故。

电流表、电压表的量程及测量表棒的连接是否正确,也要在操作前检查。

线路及仪器设备检查通过后才能通电,做实验时必须密切注意电路工作状态的变化。若有异常应立即断开电源,检查原因。

8. 测取读数

仪表读数时,应弄清仪表的量程及每一格所代表的数值。仪表应按规定位置(水平或垂直)放置。仪表的指针应与表面镜中的影子重合,以避免读数产生视差。仪表读数的位数应根据仪表精度确定,对于 0.5 级仪表,其最大相对误差是量程的 ±0.5%,其读数精度应为量程的 ±1/200,故低于量程 1/200 的尾数是无效的。

9. 检查数据

实验完成后,应对实验数据进行检查,根据预习估算对照实验数据,判断实验数据是否正确,实验结果是否合理。若发现错误可以立即重新测定。只有在确认实验结果正确合理时,才能断开电源拆除线路。

10. 完成实验报告

实验完成后,要处理数据,整理实验结果。在预习报告中填上实验数据,再加上每个实验要求的应写部分,并回答思考题,由此编写一份完整的实验报告。

7.2　电工设计性综合性实验

电工设计性综合性实验是电工学实验课中的提高部分。这部分实验所涉及到的内容较多,包括:电工理论、电工测量仪器仪表的使用、电工测量方法、电工实验技术、电工实验设计及相关的理论和技术等;侧重于理论指导下的实践技能、设计及综合能力的提高。

通过电工设计性综合性实验,不仅能受到设计方法和实验操作技能等方面的综合训练,加深对电工理论知识和有关概念的理解,而且还可扩展电工理论、电工实践等诸多方面的知识,为实际应用打下基础。由于电工实验课学时有限,因此这部分实验为选做实验。

7.2.1 电工设计性综合性实验的要求

1. 设计性实验

设计性实验需要完成设计报告和实验报告。这两个报告的内容如下：

1) 设计报告要求

(1) 设计说明：

① 设计方案(包括：实际工程的意义、方案说明、工艺过程简图等)。

② 设计电路(包括：主、控系统电路图；图中的文字符号、图形符号；电路的原理说明等)。

③ 选用设备(包括：设备型号、主要参数；设备、器材清单等)。

(2) 实验方案：

① 实验内容。

② 实验线路。

③ 实验步骤。

2) 实验报告要求

按以下内容写实验报告。要将实验中记录的实验数据和现象加以分析、总结，连同实验体会一并写在实验分析中。

(1) 实验目的。

(2) 实验设备。

(3) 实验内容。

(4) 实验线路。

(5) 实验分析。

3) 设计性实验的评分标准

(1) 设计报告(占 25%)。

(2) 实验方案(占 25%)。

(3) 实验操作(占 25%)。

(4) 实验报告(占 25%)。

4) 实验有关事项

(1) 通过图书馆、网络等途径，查阅资料。

(2) 实验附录收集了一些资料，可以参考。

(3) 有困难的同学，可得到老师的帮助，但需要主动与老师联系。

(4) 需要了解实验设备的同学，可预约开放实验室。

2. 综合性实验

1) 实验方案的研究

综合性实验内容丰富，知识点多，实验难度较大，因此对实验内容和方案要进行

研究,不懂的内容要通过查阅资料来学习。实验方案大致有以下内容:

(1) 实验内容。

(2) 实验线路。

(3) 实验步骤。

2) 实验报告要求

按以下内容写实验报告。要将实验中记录的实验数据和现象加以分析、总结,连同实验体会一并写在实验分析中。

(1) 实验目的。

(2) 实验设备。

(3) 实验内容。

(4) 实验线路。

(5) 实验分析。

7.2.2 电工设计性综合性实验的步骤

电工设计性综合性实验程序:根据设计要求设计电路—确定实验方案—做仿真实验—做电路实验—分析调整电路。

这里提出的电工设计性综合性实验程序是一般规律,具体实验将会有不同的选取。

电工设计性综合性实验程序的步骤如下:

1. 设计电路

根据设计要求,确定电路方案。系统由各功能模块组成。

电路设计的关键在于确定系统的整体结构和实现各功能模块的电路形式。根据电路的各项技术指标要求,确定电路模式。

2. 制订实验方案

通常是通过实验来观察电路的某种现象和规律、检验某种理论观点、证实某种结论。为了能够顺利地完成实验任务,必须根据设计任务的要求和实验室的设备条件来选定可行的实验方案。

首先根据各项技术要求和指标来制订方案。在制订方案时,应考虑由哪些功能模块来实现哪一个要求和指标,并给出各模块的输入输出波形。

如果不是以研究实验方法为目的的实验,往往可以用若干个现成的、典型的方法或设备进行一定的组合来完成实验。这类现成的、典型的实验方法比较成熟,可操作性强。这种把实验任务分解为若干个独立实验任务的方法,方便可行,如测电压、电流、电阻、频率和波形等。

实验方案的制订并不是唯一的。实验方案受许多因素影响,可能有多种可行的方案。有时一个实验也可以采用多个方案,以检验各实验方案的实验结果是否存在系统误差。

3. 做仿真实验

电路设计完成后,要进行仿真实验。通过对电路进行仿真实验,及时发现设计中不合理的地方,加以改正。这样既能节省调试时间,又可避免可能造成的经济损失。

4. 做电路实验

仿真实验完成后,就可以搭接和测试实验电路了。做电路实验时要注意安全用电、布线原则等问题,还要遵循逐级搭、逐级测的实验步骤。

5. 分析调整电路

整个设计的最后工作是分析调整电路,以此验证设计的成功与否。若出现问题应对电路进行调整和完善。

7.2.3 电工设计性综合性实验的方法

一个电路实验,从相关知识的预习开始,经过连接电路、观察测试到数据处理,直至写出完整的实验报告为止,要经历实验计划、实验准备、测试与观察、结果整理4个阶段。每个阶段都有很多工作要做,在一个完整的实验过程中,各个阶段完成的好坏均会影响实验的质量。

但是实验的各个阶段并不是截然分开的。考虑的(进行的)顺序往往是互相交错的。如制订方案时可能要考虑设备,而设备又是根据方案而定;实验步骤也根据方案而定,但改变实验的步骤也可能会改变实验的方案;实验结果的数据处理是据前阶段的结果进行,但采用不同的数据处理方法,可能要求不同的实验方案、步骤等。实际上这是一个多次反复的过程。

尽管如此,实验还是按实验设计、实验准备、测试与观察、分析整理4个阶段来进行,每个阶段的具体工作如下。

1. 实验的设计阶段

实验设计包括以下的内容。

1) 实验标题

实验报告是一个设计和实施共存的技术性文件,其标题应该反映实验的目的和任务。实验操作中,某些环节要进行多次实验测试,对于这些大同小异的实验要在标题上加以区分,以便以后查阅。

2) 实验目的

实验目的起到画龙点睛的作用,它用几句话使实验的意义一目了然。但根据实验内容的不同,实验目的的侧重点也不同,实验报告中要加以说明。

3) 设备清单

根据实验的需要列出设备的名称、规格、型号、编号以及在接线图中的代号,作为准备仪器设备的依据。

4）实验线路

电路实验的整个系统是由通用的仪器、仪表和某些实验对象构成的,需要画出整个系统的接线图。必须注意实验的接线图与电路理论中电路图的不同之处。

5）实验原理

除了一些简单的或常规的定性测试外,一般均要说明实验原理,特别是应用了非常规的原理更要阐述清楚,在原理的叙述中要简明扼要。

6）实验过程

包括实验步骤、观察内容、待测数据、表格、注意事项,实验中要取哪些数据,电路参数变量取多少,用何测量仪表,量程取多少,取多少数据,数据如何分布以及实验是否要重复进行,重复的次数在设计阶段的实验设计中均应予以确定。预习时必须拟写好所有记录数据和有关内容的表格。凡是要求理论计算的内容必须完成,并填入表格。

7）故障对策

实验设计是一项细致的工作。对可能出现的故障及其后果,应该采取预防措施。经验证明,实验设计的是否详细周全,在很大程度上能反映设计者的实验水平。

2．实验的准备阶段

本阶段要完成的各项任务,包括配置设备、检查设备、安装系统和调试系统等内容。然后按实验线路图进行安装接线,整个实验系统的各仪器仪表放置和布线均要合理、清晰并便于操作。接线完毕应清理不必要的导线和设备,并将仪器设备调整到备用状态。

3．实验的测试与观察阶段

本阶段要按实验计划进行实验操作、观察现象、读取实验数据,画出实验曲线,完成测试任务。

在测试中,应尽可能及时地对数据做初步的分析,以便及时地发现问题。如果实验是为求某种相关关系,如变量与时间、变量与变量、变量与参数等的关系,则在测试时应采用合理的顺序进行测试,使变化趋势清晰,同时还应及时地画出这种关系曲线,它能提供某种启示,从而可使实验者当即决定在哪些范围内增减观测数据,这点对复杂的实验尤为重要。

4．实验的分析整理阶段

这是实验的最后阶段,它对整个实验起着非常重要的作用。同样的数据经较好的处理和分析可以获得更准确的结果。

这个阶段的工作依据是实验记录,包括数据、波形和观察的现象等。对这些数据和现象首先进行一定的处理工作,确定数据的准确程度和取值的范围即做误差分析。在这个基础上再进行分析、抽象,由表及里找出事物的内在联系和规律。

实验现象和数据是实验的宝贵成果。在整理数据时,要充分发挥曲线和表格的作用。将数据按一定规律进行整理形成表格曲线。特别是曲线,可以使人明确概念,迅速地发现规律及一些异常的数据,有助于分析研究。

应当指出,实验的分析阶段就是整理分析结果,写出一份报告。

实验报告是一份工作报告,要对实验的任务、原理、方法、设备、过程和分析等主要方面都要有明确的叙述,叙述条理要清楚,其中的公式、图、表、曲线应有符号、编号、标题、名称等说明,使人阅读后对其总体和各主要细节均能了解,而且不会产生误解。

第8章 电工实验内容

实验一～实验六为基础性实验,实验七～实验十二为设计性综合性实验。

实验一　直流电路的测量

> **内容提示**
> 1. 常用电工测量设备的认识和选用;
> 2. 直流参数的测量;
> 3. 基尔霍夫电流定律和电压定律;
> 4. 电功率及电位的测量。

实验目的

(1) 学会正确选用电工测量仪器和仪表。
(2) 学会测量直流电路的参数。
(3) 加深对参考方向的理解,验证基尔霍夫电流定律和电压定律。
(4) 学会功率判断的方法。
(5) 进一步认识电位、电压及它们之间的关系。
(6) 学会对实验结果进行误差分析。

实验仪器及设备

本实验需要的实验仪器及设备如表2.1.1所列。

表2.1.1　实验仪器及设备

序　号	实验器材名称	数　量
1	双路直流稳压电源	1台
2	直流电流表	1块
3	万用表或直流电压表	1块
4	直流电路实验板	1块
5	电流插座、插头	1套
6	导线	数根

预习要求

(1) 自习本教材第1章有关电工测量的误差分析理论。
(2) 自习本教材第1~3章,常用电工仪表和常用电工仪器。
(3) 自习本教材第4章,常用电工实验设备(自制)。
(4) 复习基尔霍夫电压、电流定律。
(5) 理解功率判断的基本要点。
(6) 分析电位、电压及其关系。
(7) 理解参考方向的概念。
(8) 回答问题:
① 直流电流表的量程选多大合适?直流电流表的极性接反会出现什么情况?
② 用电流插座干什么?没有插入电流插头时电流插座处于什么状态?插入电流插头时电流插座又处于什么状态?
③ 本实验用万用表测什么?万用表可以测哪些量?
④ 万用表的直流电压挡测得什么值?交流电压挡测得什么值?
⑤ 电源在什么时候发出功率?在什么时候吸收功率?
⑥ 在什么条件下能应用叠加原理?

实验原理

1. 正确选用电工测量仪器和仪表

在测量电压、电流、功率、频率、相位和电阻等电路参数时,需要合理地选用电工测量仪器、仪表,以达到测量目的。

常用电工测量仪器、仪表的基本知识(仪表的分类、基本结构、工作原理、仪表的准确度、仪表的表面标记)见第1~3章有关内容。

正确选用仪表通常是指:按照测量要求,确定仪表的类型、仪表的准确度、仪表的量限和仪表的内阻。一般有如下几个内容:

1) 仪表类型的选择

根据被测量的对象是直流还是交流选用直流仪表或交流仪表。

2) 仪表准确度的选择

根据工程实际要求,合理地选择仪表的准确度等级:
➤ 标准表及精密测量仪表用0.1~0.2级;
➤ 实验室一般测量仪表用0.5~1.5级;
➤ 工业生产的一般仪表用1.0~5.0级。

3) 仪表量限的选择

根据被测量值的大小选用合适的仪表量限:测量结果的准确度,不仅与仪表准确度有关,而且与它的量程有关。测量时使被测量值的大小占仪表量程的1/2到2/3,

便可得到准确度较高的测量结果。

4）仪表内阻的选择

根据测量线路及测量对象的阻抗大小选择仪表内阻：电压表内阻越大越好，一般当电压表内阻 $R_V \geqslant 100R$（R 为被测对象的总电阻）时，就可以忽略电压表内阻的影响。

电流表的内阻越小越好，一般当电流表内阻 $R_A \leqslant (1/100)R$（R 为与电流表串联的被测电路的总电阻）时，就可以忽略电流表内阻的影响。

5）仪表使用场所及工作条件的选择

根据仪表使用场所及工作条件进行选择；仪表使用条件根据国家规定分为 A，A_1，B，B_1，C 五组（请查阅电工手册）。

按以上原则选择仪表。仪表使用前要将指针指在零位。若没有指到零位，则可调节机械调零器，使指针指到零位。在读取仪表的指示值时，测量者的视线应与仪表的标尺平面垂直；否则这些都会带来附加误差。

当需要用一只电压表测量电路中多处电压时，电压表用活动测试棒进行测量。测直流电压时红表棒应搭在高电位点上，黑表棒搭在低电位点上。

当需要用一只电流表测量多条支路电流时，电流表应接上电流插头，而被测支路中应串接电流插座，即可实现各支路电流的测量。

测直流电流时，还应注意电流的流向。测量时，使电流从电流表的正极流入，负极流出；否则，电流表发生指针反偏，导致仪表损坏。

2. 基尔霍夫电流定律（KCL）

在任一时刻，流出或流入电路任一节点的电流代数和恒等于零，即

$$\sum I = 0 \text{ 或 } \sum I_\text{入} = \sum I_\text{出}$$

为验证该定律，可选一电路节点，对流过该节点的电流设定参考方向并测量各电流值，然后自行约定流入或流出该节点的电流为正，将测得的各电流代入上式，加以验证。

3. 基尔霍夫电压定律（KVL）

在任一时刻，电路中任一回路的电压代数和恒等于零，即

$$\sum U = 0$$

通常规定，上式中凡支路或元件电压的参考方向与回路绕行方向一致的取正号，反之取负号。

4. 电压、电流的实际方向与参考方向的对应关系

参考方向是为了分析、计算电路而人为设定的。实验中测得的电压、电流的实际方向，由电压表、电流表的"正"端所标明。在测量电压、电流时，若电压表、电流表的"正"端与参考方向的"正"端一致，则该测量值为正值，否则为负值。

5. 电位和电位差

在电路中,各节点的电位会随着电位的参考点选择不同而也相应改变,但任意两节点间的电位差不变,即任意两点间电压与参考点电位的选择无关。

实验内容与步骤

1. 常用电工测量设备的认识和选用

认识实验室常用电工测量设备。根据图 2.1.1 电路及实验内容,选用本实验所需电工测量仪器、仪表,并填写在表 2.1.2 中。

2. 电阻的测量

1) 检查万用表

将转换开关置 $R\times100$ 或 $R\times10$ 挡,将两表笔短接,转动调零电位器,若指针位置可调,可初步判断万用表完好。

表 2.1.2　实验仪器设备的型号、用途及使用方法

序　号	名　称	型　号	用　途	使用方法(或注意事项)
1	万用表	MF—30	测量直流电压	挡位选择调到直流电压挡
2				
3				
4				
5				

2) 电阻挡调零

将转换开关调至待用电阻挡,再将两表笔短接,调节调零电位器,使指针指到零位(每次换挡测电阻前,都应将该挡短接调零,以提高测量的准确度)。

3) 测量电阻值

用万用表的电阻挡测量实验电路图 2.1.1 中各电阻的阻值,并将所测得阻值与电阻测量挡位记入表 2.1.3 中。

表 2.1.3　各支路电阻值的数据

电　阻	R_1	R_2	R_3
标称值			
实测值			
电阻量程挡位			

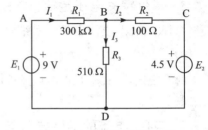

图 2.1.1　直流电路原理图

3. 测量直流电路的参数并验证基尔霍夫电流、电压定律

测量图 2.1.1 所示直流电路各支路的电流及各元件的电压,并验证基尔霍夫电

流、电压定律。测量步骤如下:

1) 接　线

按图 2.1.1 所示的实验接线图连接线路。图中有三条支路,每条支路都有一个数值不等的电阻,每个电阻都与一个电流插孔串联。两边的两条支路各自接有一个双刀双掷开关。这两个双刀双掷开关的 1、2 端接数值如图 2.1.2 所示的直流电动势(用双路直流稳压电源实现)。双刀双掷开关的 5、6 端不接。

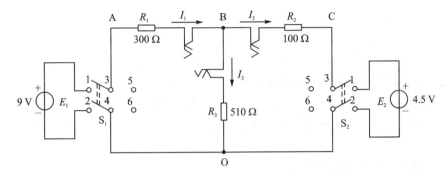

图 2.1.2　测量直流电路参数的实验接线图

图 2.1.2 电路是直流电路,在接线时要注意电流方向。图 2.1.2 电路已标出各支路电流的参考方向。要按图 2.1.2 中的电流参考方向接电流插座。设红接线柱为电流流入,黑接线柱为电流流出。

2) 测电流

将开关 S_1、S_2 同时合上各自的 1、2 端,用接有电流插头的直流电流表分别测量各支路电流 I_1、I_2、I_3,并将测量结果填入表 2.1.4 中的测量值一栏。

若电流表反转,调换电流插头的两个接线叉,重新读数,并在测量值前加负号。

3) 验证基尔霍夫电流定律(KCL)

根据图 2.1.1 电路标出的电流参考方向、测量值及正负号填写表 2.1.4 的计算值,由此可验证 KCL 定律。

表 2.1.4　各支路电流的数据

	计算值	测量值	绝对误差
I_1/mA			
I_2/mA			
I_3/mA			
$\sum I$/mA			

4) 测电压

在开关 S_1、S_2 同时合上各自的 1、2 端,用万用表测量表 2.1.5 中的各电压 U_{AB}、U_{BC}、U_{CD}、U_{OA},并将测量结果填入该表的测量值一栏。

若万用表反转,则应调换其两个表棒,重新读数,并在测量值前加负号。

表 2.1.5　各段电压的数据

	计算值	测量值	绝对误差
U_{AB}/V			
U_{BC}/V			
U_{CO}/V			
U_{OA}/V			
$\Sigma U/V$			

5) 验证基尔霍夫电压定律(KVL)

在图 2.1.1 中取一个验证回路 ABCOA。选顺时针方向为绕行方向。根据回路的绕行方向、表 2.1.5 的测量值及正负号,填写表 2.1.5 的计算值,由此可验证 KVL 定律。

4. 电位和电位差的关系

分别以图 2.1.1 电路中的节点 B 和 O 为参考点,测量 A、B、C、O 各点电位。用电位计算每两点间的电压 U_{AB}、U_{BC}、U_{CO}、U_{OA} 并对比表 2.1.5 的测量值。将测量及计算结果分别填入表 2.1.6 中。

5. 功率判断

测量图 2.1.1 电路中电源 E_1 和电源 E_2 的电压和电流值,计算功率 P,并判断 E_1、E_2 在电路中是发出功率还是吸收功率。将测量结果填入表 2.1.7。

表 2.1.6　各电位的数据

	电　位	V_A/V	V_B/V	V_C/V	V_O/V
	B(参考点)				
	O(参考点)				
	电　压	$U_{AB}(V_A-V_B)$	$U_{BC}(V_B-V_C)$	$U_{CO}(V_C-V_O)$	$U_{OA}(V_O-V_A)$
计算值	B(参考点)				
	O(参考点)				

表 2.1.7　电源功率的数据

电　源	U/V	I/A	P/W	发出功率或吸收功率
E_1				
E_2				

思考题

(1) 用 750 mA 量程，0.5 级电流表测量电流时，可能产生的最大绝对误差为多少？

(2) 用量程为 10 A 的电流表测量实际值为 8 A 的电流时，仪表读数为 8.1 A，求测量的绝对误差和相对误差。

(3) 测量电压、电流时，如何判断数据前的正负号？负号的意义是什么？

(4) 若电位出现负值，其意义是什么？

(5) 电路中需要 ±12 V 电源供电，现有一台双路(0～30 V)可调稳压电源，怎样连接才能实现其要求？试画出电路。

(6) 本实验中哪一路电源作为负载使用？为什么？用实验中所得的数据验证能量守恒定律。

实验报告要求

本次实验的实验报告应包括以下内容：

(1) 实验电路图与实验数据。

(2) 将测得的数据进行处理，与计算值进行比较。

(3) 根据实验表 2.1.3 和表 2.1.4 的数据，验证 KCL 定律、KVL 定律并做误差分析。

(4) 根据实验表 2.1.5 总结电位和电压的关系，分析参考点的选择对电压和电位的影响。

(5) 根据实验表 2.1.6 总结功率判断的要点，写出图 2.1.1 电路的功率平衡方程式。

(6) 回答预习问题。

(7) 回答以上思考题。

(8) 写实验体会与建议。

实验二　直流电源等效

> **内容提示**
> 1. 直流电源认识；
> 2. 电源等效变换；
> 3. 叠加原理的应用；
> 4. 戴-诺定理的应用。

实验目的

(1) 认识直流电源，理解电源等效变换；
(2) 学会应用戴-诺定理；
(3) 理解叠加定理；
(4) 进一步熟悉直流测量仪器、仪表的使用方法。

实验仪器及设备

实验仪器及设备如表 2.2.1 所列。

表 2.2.1　实验仪器及设备

序　号	实验器材名称	型　号	数　量
1	双路直流稳压电源		1 台
2	直流电流表		1 块
3	万用表或直流电压表	MF—30(万用表)	1 块
4	直流电路实验板	自制	1 块
5	电流插座、插头	自制	1 套
6	滑线变阻器		1 只
7	导线		数根

预习要求

(1) 复习直流测量仪表的使用方法。
(2) 复习叠加定理和戴维南定理，掌握应用它们的方法。
(3) 复习直流电源，进一步认识实际电压源、理想电压源、实际电流源和理想电流源的特点。
(4) 进一步理解电源等效变换的原理。

(5) 根据图 2.2.3 所给参数,预先用叠加定理计算出各支路的电压、电流。

(6) 回答预习问题:

① 测量含源网络端口的开路电压 U_{CDk} 和等效电阻 R_{CD0} 选用什么仪表、什么挡位和量程?

② 测量含源网络端口的短路电流 I_d 和等效电阻 R_{CD0} 选用什么仪表、什么挡位和量程?

③ 戴维南等效电路中的等效电动势方向和诺顿等效电路中的等效电流源方向是怎样确定的?

④ 实际电压源和实际电流源是如何等效变换?

⑤ 理想电压源和理想电流源可以等效变换吗?为什么?

实验原理

1. 直流电源

直流电源有两种:电压源和电流源。

内阻为零的电压源称为理想电压源。理想电压源的电压由电压源本身决定,电流由外电路决定。理想电压源与内阻串联的电压源称为实际电压源。实际电压源的内阻越小带负载的能力越强。

内阻为无穷大的电流源称为理想电流源。理想电流源的电流由电流源本身决定,电压由外电路决定。理想电流源与内阻并联的电流源称为实际电流源。实际电流源的内阻越大带负载的能力越强。

2. 戴维南定理

一个含源二端口网络对外作用时,可以用一个理想电压源串联一个电阻的实际电压源来等效代替。其等效的理想电压源等于此二端口网络的开路电压,其等效电阻是二端口网络内部各独立电源置零后所对应的无源二端口网络的输入电阻(如图 2.2.1 所示)。

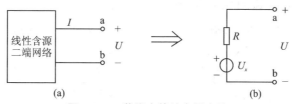

图 2.2.1 戴维南等效电源电路

3. 叠加定理

对一个具有唯一解的线性电路,由几个独立电源共同作用所形成的各支路电流或电压,是各个独立电源分别单独作用时在各相应支路中形成的电流或电压的代数和。

实验内容与步骤

1. 用实验的方法得出戴-诺等效电路

图 2.2.2 是本实验的戴-诺等效电路和直流电源实验电路原理图。用戴维南定理可将图中 CD 端(或 BD 端)电源侧等效为实际电压源。用诺顿定理则可等效成实际电流源。

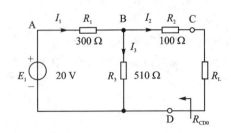

图 2.2.2 戴-诺等效电路和直流电源实验电路原理图

下面用实验的方法求戴-诺等效电路。实验步骤如下：
按图 2.2.3 接线，使 $E_1 = 20\ \text{V}$，选择 C、D 两端作为含源网络的端口。
(1) 在图 2.2.3 中：
① S_1 合向电源 E_1 一侧，S_2 开路，测量端口的开路电压 U_{CDk}。
② S_1 合向短路一侧，S_2 开路，测量端口的等效电阻 R_{CD0}。
③ 画出戴维南等效电路。
(2) 在图 2.2.3 中：
① S_1 合向电源 E_1 一侧，S_2 合向短路一侧，测量端口的短路电流 I_d。
② S_1 合向短路一侧，S_2 开路，测量端口的等效电阻 R_{CD0}。
③ 画出诺顿等效电路。

2. 测量直流电源的伏安特性

通过上述戴维南等效，将图 2.2.2 等效成一个实际的电压源，如图 2.2.1(b)所示。测量含源二端口网络 CD 端和 B'D 端的外部伏安特性。
① 按图 2.2.3 接线。S_1 合向电源 E_1 一侧。S_2 合向外接电阻 R_{L1} 一侧。
测量通过 R_{L1} 的电流 I_{L1} 和两端电压 U_{CD}，将结果填入表 2.2.2 中。
再将开关 S_2 的 1 端分别改接 R_{L2} 和 R_{L3}，测量其电压、电流，并将结果填入表 2.2.2 中。
其中：$R_L = 0$ 时的电流 I_2 为负载短路电流 I_d，即相当于 $I_2 = I_d$；
$R_L = \infty$ 时的电流 $I_2 = 0$。
② 在图 2.2.3 中，S_1 合向电源 E_1 一侧，B'D 两端接电阻 R_{L1}，即将 B' 与 C 短路。

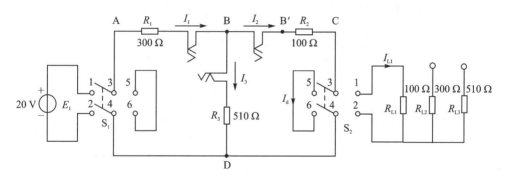

图 2.2.3　戴-诺等效电路及直流电源实验接线图

测量通过 R_L 的电流 I_L 和两端电压 U_{BD}，将结果填入表 2.2.2 中。

再将开关 S_2 的 1 端分别改接 R_{L2} 和 R_{L3}，测量其电压和电流，并将结果填入表 2.2.2 中。

表 2.2.2　直流电源伏安特性的实验参数

两种情况	R_L/Ω	0(短路)	100	300	510	∞(开路)
电阻 R_L 接 C、D 两端	I_2/mA					
	U_{CD}/V					
电阻 R_L 接 B'、D 两端	I_L/mA					
	U_{BD}/V					

3. 验证叠加定理

验证叠加原理的电路图如图 2.2.4(a)所示。图中 E_1、E_2 共同作用下产生的电流 I_1、I_2、I_3 等于 E_1、E_2 两个电源分别作用产生的电流之和。图 2.2.4(b)、(c)分别是 E_1、E_2 电源单独作用时的电路。有 $I_1 = I_1' + I_1''$；$I_2 = I_2' + I_2''$；$I_3 = I_3' + I_3''$。

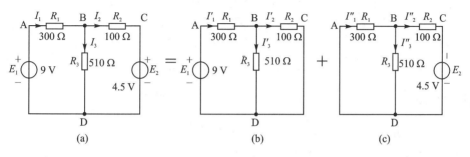

图 2.2.4　验证叠加原理的电路图

下面用实验验证叠加原理。

按图 2.2.5 接线,$E_1 = 9$ V,$E_2 = 4.5$ V。

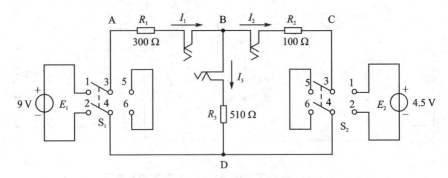

图 2.2.5 叠加定理实验电路图

① 将 S_1 合向电源 E_1 一侧,S_2 合向短路一侧,测量 E_1 单独作用时,各支路的电流 I'_1、I'_2、I'_3,各电阻的电压 U'_1、U'_2、U'_3,将测量结果记录在表 2.2.3 中。

② S_1 合向短路一侧,S_2 合向电源 E_2 一侧,测量 E_2 单独作用时,各支路的电流 I''_1、I''_2、I''_3,各电阻的电压 U''_1、U''_2、U''_3,将测量结果记录在表 2.2.3 中。

③ 同时接通 E_1、E_2 电源,测量 E_1、E_2 共同作用时各支路的电流 I_1、I_2、I_3,各电阻的电压 U_1、U_2、U_3,将测量结果记录在表 2.2.3 中。

表 2.2.3 叠加定理的实验参数

测量项目		U_{AB}/V	U_{BC}/V	U_{BD}/V	I_1/mA	I_2/mA	I_3/mA
E_1 单独作用于电路	理论值						
	实测值						
	误差值						
E_2 单独作用于电路	理论值						
	实测值						
	误差值						
E_1、E_2 共同作用于电路	理论值						
	实测值						
	误差值						

思考题

(1) 如何用伏安法(画图)得出二端口网络的开路电压 U_{CDk}?

(2) 如何用开路电压短路电流法测等效内阻 R_{CD0}?

(3) 如何用电源等效变换进行戴维南等效电路和诺顿等效电路的互换?

(4) 若二端口网络的内阻为零,是否可以用戴维南等效?是否可以用诺顿等效电路？还是戴维南等效和诺顿等效都能用？

（5）进行叠加定理实验时,不起作用的电压源怎么处理？

实验报告要求

本次实验的实验报告应包括以下内容：

（1）画出图 2.2.2 的戴维南等效电路和诺顿等效电路。分析该电路是用戴维南等效比较合适还是用诺顿等效合适？为什么？

（2）根据表 2.2.2 测量的两种情况,作出两条伏安特性曲线。比较两条线,分析产生两条线差别的原因。说出哪一种电路的带负载能力强,为什么？

（3）回答图 2.2.4(c)中 I_1'',I_2'',I_3'' 的方向是否为实际电流方向？能否改变电流方向？若改变了电流方向,电流叠加时应如何处理？

（4）整理数据,验证叠加定理。

（5）回答预习问题。

（6）回答以上思考题。

（7）写实验体会与建议。

实验三 直流暂态电路

> **内容提示**
> 1. RC 电路的暂态过程响应；
> 2. 微分电路和积分电路；
> 3. 测定时间常数的方法。

实验目的

（1）理解 RC 电路的矩形脉冲响应。
（2）加深对 RC 电路原理及其应用的理解。
（3）学会用示波器测定时间常数。
（4）练习使用双踪示波器。

实验仪器及设备

具体实验仪器及设备如表 2.3.1 所列。

表 2.3.1 实验仪器及设备

序号	实验器材名称	数量
1	信号发生器	1 台
2	双踪示波器	1 台
3	RC 电路实验板	1 块

预习要求

（1）复习暂态电路的理论知识。
（2）在实验板元件布置图 2.3.5 上，画出微分电路和积分电路的连线图（包括如何与示波器正确连接）。
（3）学习本教材第 3 章有关示波器的原理，熟悉示波器有关旋钮挡位的使用。
（4）选取各实验内容所要求的电路参数。
（5）复习时间常数 τ 的物理意义和几何意义。
（6）完成表 2.3.2 的预习内容。即画电路图，完成计算值。
（7）根据在表 2.3.2 中画出的电路图，用开关、信号发生器和实验图 2.3.5 所示的实验板绘制电路接线图。
（8）回答问题：
① 时间常数 τ 是描述什么的量？一般认为它为多少时暂态过程结束？

② 积分电路和微分电路分别对时间常数 τ 有什么要求？为什么？

③ 什么叫零输入响应？RC 电路在什么时候有零输入响应？试举一例说明。

④ 什么叫零状态响应？RC 电路在什么时候有零状态输入响应？试举一例说明。

⑤ 什么叫完全响应？RC 电路在什么时候有完全响应？试举一例说明。

⑥ 什么是占空比？把低频信号发生器输出电压的占空比调到 50%，将输出什么样的矩形波？

实验原理

1. RC 电路的矩形脉冲响应

周期性的矩形脉冲信号（或称脉冲序列信号）在电子技术领域应用很广，其波形如图 2.3.1(a) 所示。若将此信号加在电压初始值为零的 RC 串联电路上，实质就是电容连续充、放电的动态过程，其响应是零输入响应、零状态响应还是全响应，将与电路的时间常数 τ 和矩形脉冲宽度 t_p 的相对大小有关。

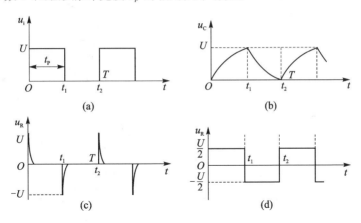

图 2.3.1　矩形脉冲信号 u_i 及不同时间常数下的 u_C、u_R 波形图

2. RC 电路时域响应的应用

1) 微分电路

微分电路如图 2.3.2 所示。微分电路的输出电压波形 u_R 如图 2.3.1(c) 所示。

(1) $\tau \ll t_p$（矩形脉冲宽度）

如果选择适当的电路参数，使 RC 电路的时间常数 $\tau \ll t_p$，电阻两端的输出电压 u_R 为图 2.3.1(c) 所示的正负交变的尖峰波，则此电路称为微分电路。电子线路中常应用这种电路把矩形脉冲变换为尖脉冲。

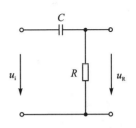

图 2.3.2　微分电路

(2) $\tau \gg t_p$

如果选择适当的电路参数,使 RC 电路的时间常数 $\tau \gg t_p$,电阻两端的输出电压 u_R 为图 2.3.1(d)所示的方波,此电路称为 RC 耦合电路。因为 u_R 波形中没有直流分量,电容 C 能隔去输入信号中的直流分量,仅使交流分量通过,因此该电容叫隔直电容。这种电路在多级交流放大电路中常用做级间耦合电路。

2) 积分电路

积分电路如图 2.3.3 所示。积分电路的输出电压波形 u_C 如图 2.3.1(b)所示。

构成积分电路有两个条件:其一,将 RC 电路的电容两端作为输出端;其二,电路参数满足 $\tau \gg t_p$。

3. 用示波器测定时间常数的方法

如图 2.3.3 所示的电路为积分电路。适当选择电路参数,用双踪示波器的 CH1 和 CH2 通道,同时观察输入信号 u_i 和输出信号 u_o(即 u_C),调节示波器,使 u_i 与 u_o 的基准扫描线一致,幅度相同,并叠合成图 2.3.4 所示波形,在 u_C 上找到 $0.632U$ 处的 Q 点,则 Q 点在水平方向对应的距离 OP 乘以示波器的扫描速率(TIME/DIV),即为时间常数 τ。

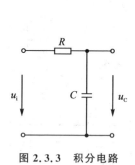

图 2.3.3 积分电路

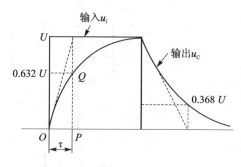

图 2.3.4 测定时间常数的方法

实验内容

1. 准备工作

本实验所需矩形脉冲输入信号 u_i,由 XD—22A 型低频信号发生器的 TTL 信号端取得,其幅值为 4.5 V 左右(不可调),要求将频率调至 200 Hz,占空比调到 50%(用示波器观察)。各实验内容都用双踪示波器同时观察输入信号 u_i 及输出信号 u_o,并将它们的波形描绘在同一张坐标图上。示波器的信号耦合方式选择开关置 DC 挡,CH1 和 CH2 的垂直灵敏度调节置相同挡位。(注意:在观察波形之前先将两条基准扫描线重合,并调至屏幕中的适当位置。)实验板元件布置如图 2.3.5 所示。

2. RC 电路的零状态响应

RC 串联电路,u_o 取自电容两端。按表 2.3.2 选 R、C 参数。用双踪示波器同时

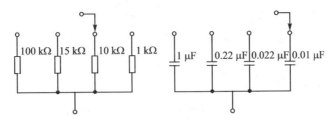

图 2.3.5　实验板元件布置图

观察输入信号 u_i 及输出信号 u_o；描绘 u_i 和 u_o 波形；用实验方法取时间常数 τ，按表 2.3.2 要求记录各项数据。

表 2.3.2　暂态电路实验内容一览表

电路类型	$R/\text{k}\Omega$	$C/\mu\text{F}$	τ/ms 计算值	τ/ms 测量值	波形	电路
输入电压 u_i ｛频率 $f=$　脉宽 $t_p=$　峰值 $U_m=10\text{ V}$｝						
RC 电路电容电压的零状态响应 $u_c(0)=0$	15	0.022				
RC 电路电容电压的零输入响应 $u_i=0$	15	0.022				
RC 电路电容电压的完全响应 $u_c(0)=2\text{ V}$	15	0.022				
积分电路输出电压	10	0.022				
	10	0.01				
微分电路输出电压	100	0.01				
	10	0.22				
RC 耦合电路输出电压	100	0.22				

3. RC 电路的零输入响应

接线同上。u_o 取自电容两端，输入端短路。其他步骤同上。

4. RC 电路的完全响应

接线同上。u_o 取自电容两端。其他步骤同 2。

5. 观察积分电路波形

接线同上。u_o 取自电容两端，构成积分电路。其他步骤同上。调出 2～3 个波形，按表 2.3.2 要求记录各项数据，并描绘出波形。

改变 R、C 值，观察波形变化情况。重复以上步骤。

6. 观察微分电路波形

RC 串联电路，u_o 取自电阻两端，构成微分电路。其他步骤同上。

改变 R、C 值，观察波形变化情况。重复以上步骤。

7. 观察 RC 耦合电路的波形

接线同上。u_o 取自电阻两端，构成 RC 耦合电路。其他步骤同上。

改变 R、C 值，观察波形变化情况。重复以上步骤。

注意：把基准扫描线调到荧光屏的中间位置。

思考题

(1) 积分电路的条件是 $\tau \gg t_p$，若不满足这一条件，电路输出什么波形？

(2) 为什么说响应是零输入响应、零状态响应还是全响应，将与电路的时间常数 τ 和矩形脉冲宽度 t_p 的相对大小有关？

(3) 能把矩形脉冲变换为尖脉冲的 RC 电路是什么电路？能把矩形脉冲变换为三角形脉冲的 RC 电路是什么电路？

(4) 简述分别求图 2.3.3 电路的零输入响应、零状态响应和全响应的操作过程。

(5) 在电路参数已定的 RC 微分电路和积分电路中，当输入脉冲频率改变时，输出信号波形是否改变？为什么？

实验报告总结

本次实验的实验报告应包括以下内容：

(1) 实验电路图与实验数据。

(2) 将测得的数据进行处理，与计算值进行比较。

(3) 将 RC 电路中电容电压的三种响应与电阻电压的三种响应进行比较，总结出规律。

(4) 总结微分电路与 RC 耦合电路的相同之处和区别。

(5) 回答预习问题。

(6) 回答以上思考题。

(7) 写实验体会与建议。

实验四　单相交流电路

> **内容提示**
> 1. 交流参数的测量；
> 2. 功率因数提高；
> 3. 交流电压表、电流表和功率表的使用。

实验目的

（1）学习交流参数的测量。
（2）学会使用交流电压表、交流电流表和功率表。
（3）了解日光灯电路的组成和工作原理。
（4）验证功率因数提高的方法。
（5）进一步理解交流串并联电路。

实验仪器及设备

具体实验仪器及设备如表 2.4.1 所列。

表 2.4.1　实验仪器及设备

序　号	实验器件名称	名　　称	数　量
1	交流电压表	T21—V	1 块
2	交流电流表	T21—A	1 块
3	单相功率表	D26—W	1 块
4	日光灯板	自制	1 块
5	电容箱	自制	1 只
6	电流测试插头、插座	自制	1 对
7	连接导线		10 根

预习要求

（1）了解日光灯电路的组成及工作原理。
（2）复习交流串并联电路的理论知识。
（3）复习功率因数提高的方法。
（4）预习功率表的工作原理及使用方法(参阅第 4 章有关内容)。
（5）回答问题：

① 日光灯电路是什么性质的电路？可以用什么理想元件来模拟日光灯电路？这些理想元件又是怎么连接的？

② 日光灯的镇流器是怎么产生高电压的？

③ 日光灯的启辉器起什么作用？日光灯点亮后，启辉器是否可以去掉？

④ 功率表有几个接线端？它们是如何接在电路中的？

⑤ 如果功率表不固定接在电路中，其功率表如何使用？

实验原理

1. 日光灯电路的组成和工作原理

日光灯电路由灯管、镇流器和启辉器三部分组成。

1) 灯　管

日光灯电路的灯管是一根普通的真空玻璃管。管内充有氩气和少量水银蒸气，内壁涂有一层荧光粉，灯管两端各有一个用钨丝绕成的灯丝，用以发射电子。

2) 镇流器

日光灯电路的镇流器是一个绕在硅钢片铁芯上的电感线圈，如图 2.4.1 所示。电感线圈分主线圈 N_1 和副线圈 N_2，主线圈的作用有两个：一是产生高电压以点亮灯管；二是在日光灯点亮后起限流作用，副线圈的匝数仅占主线圈匝数的 5% 左右，起改善启动性能的作用。

3) 启辉器

日光灯电路的启辉器是一只充有氖气的玻璃泡，如图 2.4.2 所示。泡内有一对触片，一个是不动的静触片，一个是由热膨胀系数不同的双金属片制成的倒 U 形动触片。当触片间电压大于某一数值时，两个触片间的氖气辉光放电，动、静触片接通；当两个触片间电压小于某一数值时，动、静触片断开，起自动开关作用。两个触片间并联一个电容，是为了消除两触片断开瞬间产生的电火花对附近无线电设备的干扰。

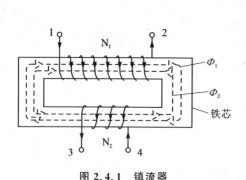

图 2.4.1　镇流器

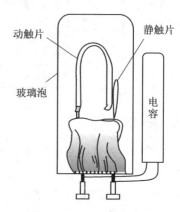

图 2.4.2　启辉器

4) 日光灯点亮过程

电源刚接通时,日光灯管未起燃而不能导电。电源电压通过镇流器和灯管两端的灯丝施加到启辉器两个电极上,启辉器两个电极间的气体辉光放电,双金属片受热,由于内层金属片膨胀系数较大,双金属片伸直,动、静触片接触,形成如图 2.4.3 (a)所示的通路;其中,镇流器副线圈 3、4 产生的磁通与主线圈 1、2 产生的磁通方向相反,因而减小了镇流器感抗,增加了启动电流。电流使灯丝加热,产生热电子发射。同时,由于启辉器两个触片已经接触,不再产生热量,双金属片冷却恢复原状,故电路断开。由于电路中的电流突然中断,以致镇流器两端感应出一个较高电压,它与电源电压一起加到灯管两端(约 500 V),使管内自由电子与水银蒸气碰撞电离,产生弧光放电,放电时发出的紫外线射到灯管内壁,激发荧光物质发出日光,日光灯就点燃了。

日光灯点亮后的电路如图 2.4.3(b)所示,这时灯管两端工作电压很低,一般为 50~100 V 之间,电源电压大部分降落在镇流器上,因此,启辉器不可能再发生辉光放电。也就是说,日光灯点亮后,启辉器始终断开,不起作用。同时镇流器副线圈 3、4 也不起作用了。

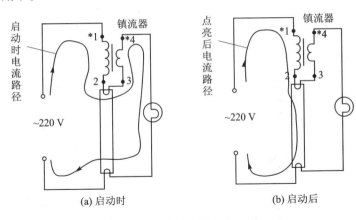

图 2.4.3　日光灯的点亮过程

2. 日光灯电路的功率因数

日光灯等效电路如图 2.4.4 所示。

电路中,灯管相当于纯电阻性负载 R,镇流器用内阻 R_L 和电感 L 等效代之。只要测出电路的功率 P、电流 I 和总电压 U、灯管电压 U_R 及镇流器电压 U_L,就能算出灯管消耗的功率 $P_R = IU_R$,和镇流器消耗的功率 $P_L = P - P_R$,并求出电路的功率因数:

$$\cos\phi = \frac{P}{IU}$$

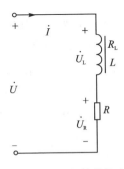

图 2.4.4　日光灯的等效电路

3. 功率因数的提高

日光灯的功率因数较低，一般在 0.6 以下，且为感性电路，因此，往往采用并联电容来提高电路的功率因数。电路并联电容后，由于电容支路的电流 I_C 比电压 U 超前 $90°$，抵消了一部分日光灯支路电流中的感性无功分量，使电路总电流 I 减少，从而提高了电路的功率因数。当电容量增加到一定值，电容支路电流等于感性无功电流时，总电流下降到最小值，此时整个电路相当于电阻性负载，$\cos\phi=1$；若再继续增加电容量，总电流 I 反而增大，整个电路又呈现容性，功率因数又逐渐下降。

4. 镇流器等效电路测定方法

1) 镇流器等效电路

镇流器可以用一个实际的电感线圈来等效。实际的电感线圈不仅有电感 L，而且还有一定的电阻 R_L，因此，它可以等效为一个电阻 R_L 与电感 L 串联的元件，如图 2.4.5 所示。根据交流电路的分析计算方法，在 RL 串联电路中，总电压 u 与分电压 u_R、u_L 的向量关系为一个直角电压三角形，如图 2.4.6 所示。其中电阻上电压 u_R 与电流 i 同相位，有效值为 $U_R=IR_L$；电感 L 上电压 u_L 比电流 i 超前 $90°$，有效值为 $U_L=IX_L$；总电压 u 与分电压 u_R、u_L 可用向量相加，其有效值为 $U^2=U_R^2+U_L^2$。

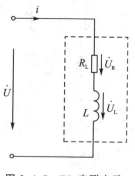

图 2.4.5 RL 串联电路

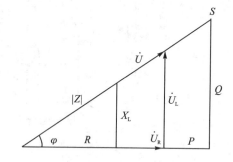

图 2.4.6 特征三角形

同时，电路中的阻抗 $|Z|$、电阻 R_L、感抗 X_L 以及视在功率 S、有功功率 P、无功功率 Q_L 也分别组成与电压三角形相似的阻抗三角形和功率三角形，如图 2.4.6 所示。电路中的电阻 R 是耗能元件，消耗的有功功率 $P=I^2R_L$，而电感 L 是储能元件，并不消耗电能，它与电源之间只有磁能和电能的交换。根据交流电路的欧姆定律，在 RL 串联电路中，总电压 U 与电流 I 之间的关系为

$$|Z|=\frac{U}{I} \qquad |Z|=\sqrt{R_L^2+X_L^2}$$

$$X_L=\omega L=2\pi fL$$

式中：Z 是电路中的总阻抗，反映了电路对电流的阻碍作用；X_L 是感抗，反映了电感 L 阻止电流变化的能力。因为交流电流流过线圈时，线圈本身会感应出一个阻止电

流变化的电动势,它的大小与电感量和电流变化率成正比,所以感抗的大小也与电感 L 及电源频率 f 成正比。

2) 电感线圈参数的测定方法

介绍以下三种电感线圈参数的测定方法:

① 在线圈两端加上一定的直流电压,测出其电流,就可求出线圈的电阻,即 $R_L = U_R/I$;然后在线圈两端加上交流电压,测出交流电压和电流的大小,求出阻抗 $|Z| = U/I$,则 $X_L^2 = |Z|^2 - R_L^2$,$L = X_L/(2\pi f)$。

值得注意的是,该直流电源要求可调,测量时要从小到大逐渐增加,以防止较大的直流电压,引起线圈过流或烧坏(若能预先了解线圈的电阻和允许电流数量级更好)。

② 在线圈中串联一个已知的电阻 R,如图 2.4.7 所示。取两个不同的电阻值,分别测出电路的总电压和总电流。当 $R = 0$ 时,测得电压 U_1、电流 I_1;再设电阻 R 为某已知值,测得电压 U_2、电流 I_2,可得下列两式,再由下列两式求得线圈参数 R_L 与 L。

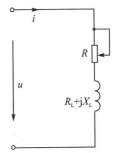

图 2.4.7 已知电阻 R 与线圈的串联电路

$$\frac{U_1}{I_1} = \sqrt{(R_L + 0)^2 + X_L^2}$$

$$\frac{U_2}{I_2} = \sqrt{(R_L + R)^2 + X_L^2}$$

③ 把线圈接在自耦调压器的输出端,并用交流电压表、电流表、单相功率表测出电路的电压、电流和功率,就可按下列各式求出线圈的参数(也称为三表法)。

$$R_L = \frac{P}{I^2} \qquad |Z| = \frac{U}{I}$$

$$X_L = \sqrt{|Z|^2 - R_L^2} \qquad L = \frac{X_L}{2\pi f}$$

自制的日光灯实验板上,由两个接线柱引出镇流器的两端。可以把镇流器当做电感线圈,用三表法来测定其参数。

实验内容与步骤

1. 用三表测量交流参数

用三表(交流电压表、交流电流表和功率表)测量交流参数的电路图如图 2.4.4 所示。本实验又称为"日光灯"实验。但本实现不侧重练习日光灯的接线,而是侧重于三表的使用学习。实验步骤如下:

1) 交流电压表、交流电流表和功率表的连线

(1) 连接交流电流表

选择量程，按电流表中的接线图连接。再将一个电流插头接于电流表的接线端，如图 2.4.8 所示。

(2) 连接交流电压表

选择量程，将两根电压表棒接于电压表相应的接线端，如图 2.4.9 所示。

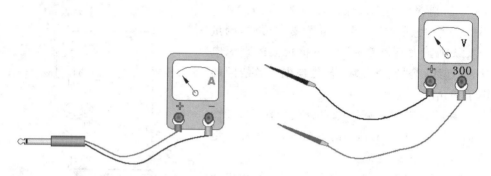

图 2.4.8　电流插头与电流表的接线图　　　图 2.4.9　电压表棒与电压表的接线图

(3) 连接功率表

功率表的连接如图 2.4.10 所示。其中电压线圈有三挡量程（125 V、250 V、500 V），本实验用的电压是 220 V，所以要选择 250 V 量程。功率表中电流线圈也有两挡量程（0.5 A，1 A）。图 2.4.10(a) 是 1 A 挡的连接；图 2.4.10(b) 是 0.5 A 挡连接。根据电路中电流的大小选择其中一种接法。

接线时，先将电压线圈和电流线圈的"＊"号端接在一起。此时功率表只有三根线连接被测电路。连接的方法是：电压线圈与被测电路并联；电流线圈与被测电路串联。接在被测电路中的功率表如图 2.4.11 所示。即图 2.4.10 中功率表的电压线圈接在图 2.4.11 电路的 A、B 两点；图 2.4.10 中功率表的电流线圈接到图 2.4.11 电路的 A、C 两点。

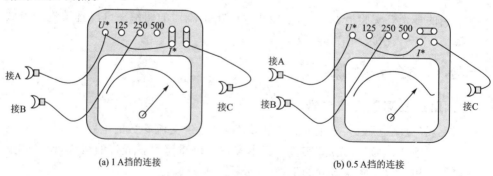

(a) 1 A 挡的连接　　　　　　　　(b) 0.5 A 挡的连接

图 2.4.10　功能表的连接

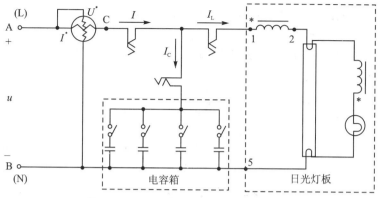

图 2.4.11 测量交流参数的实验线路图

2) 线路连接

根据图 2.4.11 所示实验线路连线。

3) 测量数据

在电容不接入的状态下(所有电容开关断开),测量日光灯电路中的电流 I_L,总电压 U,灯管电压 U_R,镇流器电压 $U_L = U_{12}$ 和总功率 P。并将测试数据记入表 2.4.2 中。表 2.4.2 中的 P_R 是灯管消耗功率;P_L 是镇流器消耗的功率。

表 2.4.2 日光灯电路的测量数据

测试项目	读 数					计 算		
	U/V	U_R/V	U_L/V	I/A	P/W	$\cos\phi$	P_R	P_L
数 据								

2. 提高功率因数的方法

利用电容箱的开关组合来改变并入电路的电容量,并根据表 2.4.3 中的要求测量并记录数据。

表 2.4.3 提高功率因数的测量数据

电容/μF	读 数					计 算
	U/V	I/A	I_L/A	I_C/A	P/W	$\cos\phi$
1						
3						
5						
7						

3. 测镇流器等效电阻 R_L 及其消耗的功率

① 用线圈串电阻的方法测镇流器等效电阻 R_L。按图 2.4.12 接线,在线圈中串

联一个滑线变阻器 R_w。取两个不同的电阻值，分别测出电路的总电压 $\dot{U}$ 和电流 $\dot{I}_L$。当 $R_w=0$ 时，测得电压 U_1、电流 I_1；再取电阻 R_w 为某一已知值，测得电压 U_2、电流 I_2，可得下列两式。根据该两式求得线圈参数 R_L 与 L，记入表 2.4.4 中。其中日光灯总电阻 $R_总=R_L+R$。

$$\frac{U_1}{I_1}=\sqrt{(R_总+0)^2+X_L^2}$$

$$\frac{U_2}{I_2}=\sqrt{(R_总+R_w)^2+X_L^2}$$

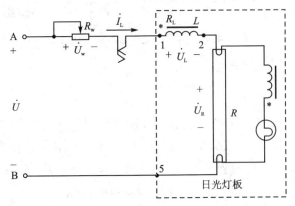

图 2.4.12　线圈串联电路图

② 测算出镇流器的功率因数和日光灯的功率因数。根据测出的日光灯电路电流 I_L，总电压 U，灯管电压 U_R，镇流器电压 $U_L=U_{12}$ 和总功率 P。算出表 2.4.4 中各项，并记入其中。

表 2.4.4　镇流器和日光灯的测量参数

	等效电阻	等效电感	电流	功率因数
镇流器				
日光灯管				
日光灯电路				

思考题

(1) 观察日光灯板布局和接线可知，在用交流电压表测镇流器电压降 U_L 时，交流电压表表笔应搭接在"1"、"2"两点。测日光灯管压降 U_R 时，其支两表笔应搭接于_____点和_____点。

(2) 并联一个 3 μF 的电容后，日光灯支路的电流_____（变/不变），有功功率_____，无功功率_____，视在功率_____，功率因数_____；电路总电流_____，总有功功率_____,总无功功率_____,总视在功率_____。可见,并联电容是为了提高_____(日光灯/线路)的功率因数。

（3）日光灯两端并联的电容量增加到一定值时,总电流 I 最小,说明此时电路处于_____状态,功率因数为_____。若继续增大电容,总电流又变大,说明电路已过补偿,进入_____(容性/感性)状态。

（4）日光灯灯管可近似看做_____(电阻性/电感性)元件,镇流器可看做_____(电阻性/电感性)元件。

（5）平时所说的 40 W 日光灯,是指_____(灯管/总)功率为 40 W。

（6）用电压表测电源电压和镇流器电压。测得的两次结果相减等于灯管的电压。这种说法是_____(对/错)的。应该是_____。

实验总结要求

本次实验的实验报告应包括以下内容：

（1）实验电路图与实验数据。

（2）将测得的数据进行处理,在坐标纸上做出其相量图。

（3）根据测算出的镇流器功率因数和日光灯的功率因数,画出两个电压三角形,指出它们不同之处,为什么？

（4）根据表 2.4.3 中数据的规律,计算并联电容多大时 $\cos \phi$ 最大？

（5）回答预习问题。

（6）回答以上思考题。

（7）写实验体会与建议。

实验五 三相交流电路

> **内容提示**
> 1. 负载星形连接;
> 2. 负载三角形连接;
> 3. 三相功率的测量。

实验目的

(1) 学习电阻性三相负载的星形和三角形连接方法;
(2) 学习三相负载星形和三角形连接时各电压和电流的测量方法;
(3) 掌握三相电路线电压与相电压、线电流与相电流之间的关系;
(4) 了解三相四线制供电线路的中性线作用;
(5) 学习用单相瓦特计测量三相电路功率的方法;
(6) 了解对称负载电路与不对称负载电路的电压、电流及功率情况。

实验仪器及设备

具体的实验仪器及设备如表 2.5.1 所列。

表 2.5.1 实验仪器及设备

序 号	实验器材名称	型 号	数 量
1	交流电压表	T21—V	1 块
2	交流电流表	T21—A	1 块
3	单相功率表	D26—W	1 块
4	万用表	MF—30	1 块
5	灯箱	自制	1 只
6	电流测试插头、插座	自制	各 1
7	导线		数根

预习要求

(1) 复习三相电路的理论知识。
(2) 认真学习本次实验的注意事项。
(3) 根据实验的任务要求和实验室提供的电源及仪器设备,实验前必须做好如下准备：

① 分别画出负载星形连接和三角形连接的实验电路图（标出电源电压、负载额定值、仪表量程及必要的文字符号）。

② 要求电流插座画到实验接线图中。电流插座是配合电流表测量电流用的。用一只电流表就能方便地测量三相电路的各个线电流、相电流及中线电流。电流插座的使用方法请参阅第4章。

③ 参阅第2章和实验四，学习功率表的使用方法和注意事项；预习本实验的实验原理，学会功率表的活接方法。要求在三相四线制的实验电路中，画出一瓦计法的活接连线图。

(4) 回答问题：

① 为什么说电流插座是串在电路里的，千万不能并联？如果电流插座和负载并联，会出现什么问题？

② 什么叫功率表的活接？这样接有什么好处？

③ 什么叫两瓦特表法？为什么说两个功率表的读数分开是毫无意义的？

④ 本次实验一表多用的仪表有哪几个？它们各自采用什么方法？

⑤ 测中线电压、电流时要注意什么问题？

⑥ 实验中发现一相负载灯泡不亮，两相负载灯泡变暗，这是出现什么故障？

实验原理

三相电路实验将验证课堂理论，从而进一步加深对理论知识的理解，进一步掌握三相电路线电压与相电压、线电流与相电流之间的关系。

三相电路实验又一次使用交流三表来测量，从而进一步熟悉交流电压表、交流电流表和单相功率表的使用。由于三相电路要测量的量很多，为了充分利用设备，一表多用，要采用一些实验技法。

1. 线电压与相电压、线电流与相电流的测量

三相电路要测量的电压和电流很多，有线电压与相电压、线电流与相电流，还有中线电压与电流等。

测量电压时，交流电压表不要固定接于电路。把它像万用表那样使用，即把交流电压表的两个表笔搭接到被测两端即可，使用起来很方便。

测量电流就需要借助实验设备。交流电流的测量和直流电流的测量相似，仍然使用电流插座和插头。电流插座要接到三相电路中。测量几个电流就要接几个电流插座。

注意：

(1) 所测电流不同，电流插座的位置也不同。

(2) 电流插座是串在电路里的，千万不能并联。

测相电流时，电流插座和负载串联在一起；测线电流时，电流插座串联在进线线

路上。

2. 功率表的活接

让功率表也像电流表那样，能借助电流插头插座灵活地测试电路中各部分的功率。功率表活接的连线方法如图 2.5.1 所示。

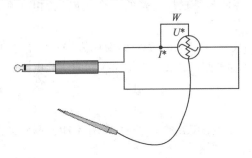

图 2.5.1　功率表接线图

电流插头连在功率表电流线圈上；电压线圈的同名端与电流线圈的同名端相连，电压线圈的另一端接一电压表笔。测量时，将该电流插头插入待测电路的电流插座，电压表笔搭接于负载压降的另一端，便可读取数据。如图 2.5.2(b)所示实验线路，电流插头插入 A 线电流插座，电压表笔搭接 C 点，此时测得 P_1，再将电流插头插入 B 线电流插座，电压表捧搭接 C 点，此时测得 P_2。电路总功率 $P=P_1+P_2$（下面将证明该式）。

但活接时，有可能将接入功率表电流线圈的被测电流方向接反，而使功率表指针反偏。此时只要调节功率表上的极性转换开关，便可使功率表正常工作。

3. 三相功率的测量

在本次实验中，将学习用二瓦特表测量三相负载有功功率的原理及方法。三相负载消耗的总功率应等于各相负载消耗功率之和。因此对于任何形式的三相负载，都可以用瓦特表分别测量三相负载的功率，然后相加。这种方法称为三瓦特表法测量功率。当负载对称时，每相的有功功率相等。这时可用一块瓦特表测量其中一相负载的功率，再乘以 3，便得此三相对称负载的总功率。这种测量功率的方法称为一瓦特表法。

在三相三线制负载电路中，不论负载是否对称，也不论其是星形接法还是三角形接法都可采用二瓦特表法测量三相负载的功率。其测量接线如图 2.5.2(a)所示，也可以用活接的方法，如图 2.5.2(b)所示。负载电路的总功率为两次测量之和。

下面以星形接法的三相对称负载为例进行分析。

三相电路的瞬时功率为：

$$p=p_A+p_B+p_C=u_A i_A+u_B i_B+u_C i_C$$

因为　　　　　　$i_A+i_B+i_C=0$

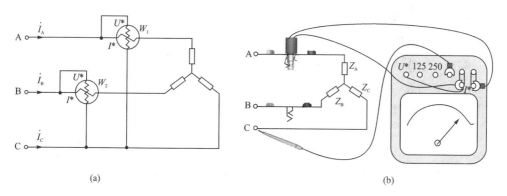

图 2.5.2 二瓦特表测量功率接线图

所以
$$p = u_A i_A + u_B i_B + u_C(-i_A - i_B) = u_A i_A - u_C i_A + u_B i_B - u_C i_B$$
$$= i_A(u_A - u_C) + i_B(u_B - u_C) = i_A u_{AC} + i_B u_{BC}$$

所以,三相功率为:
$$P = U_{AC} I_A \cos\phi + U_{BC} I_B \cos\phi = P_1 + P_2$$

即为图 2.5.2 中二瓦特表的读数之和。

注意:用二瓦特表测量三相功率时,要注意两个功率表的读数分开是毫无意义的,因为一个功率表的读数并不能代表电路中任何一部分的功率。

实验内容

本实验是一次任务性实验,要求同学们根据给定的实验任务和实验室提供的三相电源及设备条件,运用所学三相电路的理论知识,自行画出实验电路,选择仪表及量程,拟出实验步骤,并顺利完成电路的连接和实验操作。最后根据实验结果按要求写出实验报告。

本次实验的电源采用线电压为 380 V 的三相四线制电源,三相负载由 25 W、220 V 的 9 组灯泡组成,如图 2.5.3 所示。

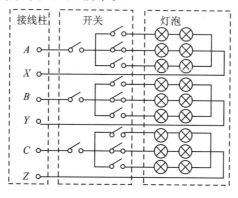

图 2.5.3 灯箱电路

实验具体内容和步骤如下:

1. 负载星形连接

图 2.5.4 是负载星形连接的电路原理图,要求借助电流插孔,接好线后,用一块电流表分别测得电流 I_A、I_B、I_C。下面是实验步骤。

1) 有中线

当负载对称(9 组灯全开)和不对称(其中 A 相开一组灯,B 相开两组灯,C 相灯全开)时,测量:

① 三相负载的线电压与相电压。
② 三相负载的线电流、相电流与中线电流。
③ 用一瓦计法测量负载对称时的三相功率 P。
④ 用三瓦计法测量负载不对称时的三相功率 P。

将以上数据记入表 2.5.2 中,并计算在有中线的情况下,三相负载对称和不对称时其线电压和相电压之间是否存在 $\sqrt{3}$ 倍的数量关系?

2) 无中线

当负载对称和不对称时,测量:

① 三相负载的线电压、相电压及中点电压。
② 三相负载的线、相电流。
③ 用二瓦计法测量三相功率 P。

参考图 2.5.2,用活接的方法使用功率表。这样可以用一块功率表测两次,得到三相功率 P。

将所测数据记入表 2.5.2 中,并计算在无中线的情况下,负载对称和不对称时其线电压和相电压之间是否存在 $\sqrt{3}$ 倍的数量关系?

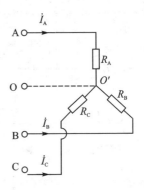

图 2.5.4 负载星形连接的电路原理图

表 2.5.2 负载星形连接时,各电压、电流的测量值

		线电压			相电压			中点电压	U_1 与 U_P 的关系	线电流			中线电流	三相功率
		U_{AB}	U_{BC}	U_{CA}	U_A	U_B	U_C	$U_{OO'}$	关系	I_A	I_B	I_C	I_0	P
有中线	对称							—						
	不对称							—						
无中线	对称												—	
	不对称												—	

2. 负载三角形连接

图 2.5.5 是负载接成三角形连接的电路原理图。借助电流插孔,一次接线后可测得所有的相线电流。其实验步骤如下。

当负载对称和不对称时,测量:
① 三相负载的线电压、相电压。
② 三相负载的线电流与相电流。
③ 用二瓦计法测量三相功率 P。

将数据记入表 2.5.3 中,并计算负载三角形连接。当负载对称和不对称时,其线电流和相电流之间是否存在 $\sqrt{3}$ 倍的数量关系?

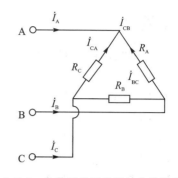

图 2.5.5 负载三角形连接的电路原理图

表 2.5.3 负载三角形连接时,各电压、电流的测量值

	线(相)电压			线电流			相电流			I_1 与 I_P 的关系	三相功率 P
	U_{AB}	U_{BC}	U_{CA}	I_A	I_B	I_C	I_{AB}	I_{BC}	I_{CA}		
对称											
不对称											

注意事项

(1) 本次实验电路连线较多(三角形连接),由于串入多个电流插座,线路较复杂。为防止错误,避免故障和事故的发生(电流插座易接错,导致电源短路),接线时电路应整齐有序,并进行仔细检查,经教师允许后方可接通电源。

(2) 检查线路时顺便记住各相负载及相应的电流插座的所在位置,以便测量数据时准确找到各测试点。

(3) 为防止误将电流表当成电压表去测电压而烧毁电流表,实验时务必将电流插头的两个接线叉固定在电流表的接线柱上,不要拆下。

(4) 实验过程中如果电路发生故障,要冷静分析故障原因,在教师指导下尽快找到故障点并予以妥善处理,不断提高分析与排除电路故障的能力。电路可能出现的故障主要有:

① 短路故障。最严重的是负载短路,这种故障会立即导致电源短路,严重时还将烧坏电流表等仪器设备。遇到这种事故,应立即拉开电闸,然后查明负载短路的原因,排除故障。

② 断路故障。这种故障一般是由于电路中某处有断路而造成,可用电压表逐点测量电位的方法,缩小故障的可疑范围,找到故障点。

思考题

(1) 负载星形连接时,为保证负载相电压对称,为什么中线不允许装保险丝和开关?

(2) 怎样测量中点电压 $U_{OO'}$?有中线时,中点电压 $U_{OO'}$ 是多少?

(3) 负载不对称星形连接时,有中线时各灯泡亮度是否一样?断开中线各灯泡亮度是否还一样?注意在实验中观察记录这一重要现象,以便加深理解中线的作用。

(4) 有一盏灯泡其额定电压为 220 V,功率 100 W,若接于"三相 380 V 电源",应如何接入?若接于"三相 220 V 电源",又应如何接入,才能保证其正常工作?

(5) 试分析:

① 负载对称星形连接时无中线。若有一相负载发生短路或断路故障,对其余两相负载的影响如何?灯泡亮度有何变化?

② 负载对称三角形连接时,若一根端线(火线)发生断路故障,对各相负载的影响如何?灯泡亮度有何变化?

实验报告

本次实验的实验报告应包括以下内容:

(1) 实验接线图与实验数据。

(2) 根据实验数据,按一定比例分别画出对称负载星形连接和三角形连接时的电压电流相量图。

(3) 从相量图上分别求出线电压和线电流的数值,并与实验的测量结果进行比较,证明对称负载星形和三角形连接时线电压与相电压、线电流与相电流之间的关系。

(4) 根据实验数据及观察到的现象,说明三相四线制供电系统设置中线的必要性。

(5) 回答预习中的问题。

(6) 回答思考题。

(7) 写实验体会和建议。

实验六 交流异步电动机及控制

> **内容提示**
> 1. 认识三相鼠笼式异步电动机;
> 2. 认识常用的控制电器;
> 3. 三相异步电动机的直接启动控制;
> 4. 三相异步电动机的正反转控制。

实验目的

(1) 了解电动机铭牌数据,观察其结构。
(2) 掌握三相鼠笼式异步电动机的工作原理。
(3) 学习绝缘电阻的测量方法。
(4) 了解交流接触器、热继电器和按钮等几种常用电器的结构及其在控制电路中的应用。
(5) 通过实验操作加深理解鼠笼式异步电动机直接启动和正反转控制线路的工作原理及各个环节的作用。
(6) 测量三相异步电动机的转速,了解其工作状态与性能。

实验仪器及设备

具体的实验仪器及设备如表 2.6.1 所列。

表 2.6.1 实验仪器及设备

序 号	实验器材名称	型 号	数 量
1	三相异步电动机	Y601—4、0.55 kW	1 台
2	兆欧表	500 V	1 块
3	万用表	MF—30	1 块
4	数字转速表	SZG—20B	1 块
5	交流接触器	CJ—10,线圈电压 220 V	2 只
6	热继电器	JS7—3A	1 只
7	按钮	LA	3 只
8	控制电路实验板	自制	1 块
9	单根导线		27 根

预习要求

(1) 阅读兆欧表及数字转速表的基本工作原理及使用方法。

(2) 复习三相异步电动机的工作原理。

(3) 复习常用电器,了解交流接触器、热继电器和按钮等几种常用电器的结构及其在控制电路中的应用。

(4) 复习异步电动机直接启动和正反转控制电路的工作原理,说明哪些辅助触点起自锁或联锁作用。

(5) 回答下列问题:

① 简述兆欧表的使用方法和注意事项。

② 简述数字转速表的使用方法和注意事项。

③ 如何用万用表判断交流接触器的线圈、常开触点及常闭触点?

④ 交流接触器线圈的额定电压为220 V,若将两个接触器的线圈串联后接到交流220 V电源上,会产生什么后果?为什么?

⑤ 在进行三相异步电动机的正反转控制实验时,发现正反两次电动机的转向相同。这时候应如何处理?

(6) 认真阅读实验。

实验原理

1. 电动机

电动机铭牌上的数据和规定的接法是正确使用电动机的主要依据。因此,在使用电动机之前,必须熟悉铭牌数据的意义。同时还须对电动机(特别是长期不用的电动机)进行机械结构和绝缘电阻等项目的检查,包括定子绕组绝缘性能的好坏、电动机的装配质量、接线端子是否牢靠等。因此我们先来熟悉电动机铭牌。

电动机铭牌上的电压值:是指电动机在额定状态下运行时,其定子绕组上应加的线电压值。一般小型三相异步电动机的额定电压为380 V,其定子绕组有Y形和△形两种接法。

电动机在出厂时,三相绕组的首末端共六根线经出线盒全部引至盒外,供接线用。并以U_1、V_1和W_1标明三相绕组的首端,以U_2、V_2和W_2标明三相绕组的末端。为实验时接线方便,实验室已事先将这六个端子固定在一方形接线板上,如图 2.6.1 所示。

如果电动机出线盒中的六根线未标明符号(或标志已脱落),则可用实验的方法确定各相绕组的首尾,方法如下:

① 先用万用表确定各绕组所对应的两个引出端。

② 任意指定一相绕组的两端为U_1和U_2,并与另一绕组串联后施加单相交流低电压$U=100$ V;再用万用表的交流电压挡测量第三绕组的感应电压。如果此时第三

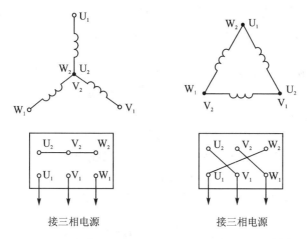

图 2.6.1　电动机的方形接线板与定子绕组的接线形式

绕组的感应电压为零,说明第一、二绕组的合成磁通不穿过第三绕组。第一、二绕组的连接如图 2.6.2(a)所示,从而确定与第一绕组的末端(U_2)相连的是第二绕组的末端(V_2)。如果此时第三绕组的感应电压不为零,说明第一、二绕组的合成磁通穿过第三绕组。第一、二绕组的连接如图 2.6.2(b)所示。此时与第一绕组的末端(U_2)相连的是第二绕组的首端(V_1)。

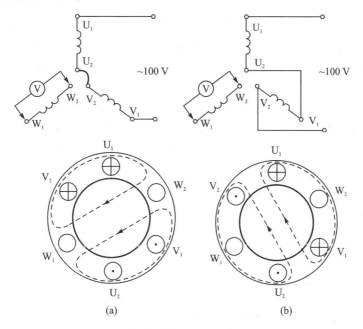

图 2.6.2　确定电动机绕组首尾的方法

再用此法将第一绕组与第三绕组串联,重复以上实验过程来确定第三绕组的首(W_1)和尾(W_2)。

电动机、电器等用电设备绝缘材料性能的好坏,直接关系到电器设备的正常运行和操作人员的人身安全。说明绝缘材料性能的重要标志是它的绝缘电阻值的大小。电动机的定子绕组由包有绝缘物的导线组成,绝缘物使绕组对机壳(地)及绕组与绕组间相互绝缘。国家标准规定,额定电压在 500 V 以下的电动机,采用 500 V 规格的兆欧表来测量绝缘电阻。一般中小型电动机的绝缘电阻不得低于 0.5 MΩ;对家用电器的绝缘质量要求更高,根据 IEC 标准及我国 1982 年制定的标准,规定洗衣机、电风扇等电动机的绝缘电阻不应小于 2 MΩ。

一般鼠笼式异步电动机的启动电流约为额定电流的 4~7 倍,空载电流约为额定电流的 25%~60%(低速小容量电动机所占百分比较大);同时分析三相空载电流中任一相与三相空载电流平均值的偏差程度,一般不得大于 10%(三相电源应基本平衡)。

测量异步电动机转速的方法很多,实验中常用离心式转速表、闪光测速仪及数字测速仪等。本实验选用 SZG—20B 型数字转速表,它的测速原理和使用方法见第 2 章相关内容。

2. 继电器、接触器

继电器、接触器控制电路,大量应用于电动机的启停、正反转、调速、制动等控制场合,使生产机械按设计的顺序和要求动作;与此同时,还能对电动机和生产机械进行保护。

交流接触器铁芯线圈通电时,吸引衔铁动作。它有三个主触点和若干个辅助触点。主触点接在主电路中,对电动机起接通或断开电源的作用,它的线圈和辅助触点接在控制电路中,可按自锁或联锁的要求来连接,亦可起接通或断开控制电路某分支的作用。接触器还可起欠压保护作用。选用接触器时,应注意它的额定电流、线圈电压及触点数量。

热继电器主要由发热元件、感受元件和触点组成。发热元件接在主电路中,触点接在控制电路中。当电动机过载运行时,主电路中的发热元件升温,使具有不同温度系数的双金属片变形,接在控制电路中的常闭(动断)触点断开,因而交流接触器线圈断电,使电动机主电路断开,起到过载保护作用。选用热继电器时,应使其整定电流与电动机的额定电流基本一致。

控制电路原理图中所有电器的触点都处于静态位置,即电器没有任何动作时的位置。例如:对于继电器和接触器,是指其线圈没有电流时的位置;按钮是指没有受到压力时的位置。

3. 异步电动机控制电路

1) 异步电动机直接启动的控制电路

如图 2.6.3 所示是异步电动机直接启动的控制电路。启动该电路工作时,应先接通电源开关 Q,为电动机启动做好准备。当接通控制电路电源,再按下启动按钮 SB_{ST} 时,交流接触器线圈 KM 通电,其主触点闭合,使电动机 M 启动。KM 的常开

(动合)辅助触点起自锁作用,以保证松开按钮 SB_{ST} 时,电动机仍能继续运转。若需电动机停转,则可按停止按钮 SB_{STP}。图 2.6.3 中熔断器 FU 起短路保护作用,热继电器 FR 起过载保护作用。

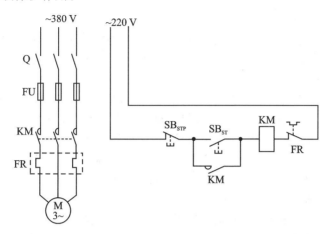

图 2.6.3 异步电动机直接启动的主电路及控制电路原理图

2) 异步电动机正反转控制电路

异步电动机正反转控制电路如图 2.6.4 所示,其中,KM_F 和 KM_R 分别是进行正反转控制的两个交流接触器。

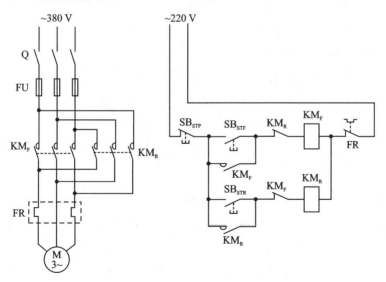

图 2.6.4 异步电动机正反转的主电路及控制电路原理图

为防止两个交流接触器同时工作,而造成电源通过它们的主触点发生短路,在控制电路中,正转接触器 KM_F 的一个常闭(动断)辅助触点串接在反转接触器 KM_R 的线圈电路中,反转接触器 KM_R 的一个常闭(动断)辅助触点串接在正转接触器 KM_F

的线圈电路中,这两个常闭(动断)辅助触点起联锁作用。在图 2.6.4 中,如果在正转过程中要求反转,那么必须先按停止按钮 SB_{STP},使联锁触点 KM_F 闭合后,再按反转启动按钮 SB_{STR},此时电动机才能反转。

4. 故障分析方法

在前面已经做过的叠加定理实验中,已经介绍电路故障排查的基本思路与方法。在本次实验中,将结合电动机及其控制电路,进一步学习故障的排查。

典型的故障现象如下:

① 图 2.6.3 或图 2.6.4 电路中,接通电源后,按启动按钮 SB_{ST},若接触器动作,而电动机不转,说明主电路有故障;如果电动机伴有嗡嗡声,则可能有一相电源是断开的。这时可用电压排查法,或电阻值检查法(断开电源,用万用表的电阻挡)检查主电路的保险丝、主触点 KM 是否接触良好(检查接触器的主触点时,可用手将其动铁芯反复按下和松开,若触点接触良好,则应无接触电阻),热继电器 FR 是否正常,联接导线有无断线等。

② 接通电源后,按 SB_{ST},若接触器不动作,说明控制电路有故障。用前述的电压排查法或电阻值检查法检查控制电路的保险丝,再检查热继电器复位按钮是否正常,停止按钮 SB_{STP} 接触是否良好,线圈及导线是否断线等。

实验内容

1. 抄录三相异步电动机铭牌数据

根据铭牌数据和电源电压判定电动机三相定子绕组的接法。

2. 观察三相异步电动机的内部结构

3. 确定电动机各绕组的首端和尾端

① 先用万用表的电阻挡区分出线盒中六根出线端,知道哪两端属同一绕组(阻值趋于无穷大时说明两端间绝缘,阻值很小时说明两端子同属于一个绕组);测量各绕组的阻值并记录于表 2.6.2 中,以判别各绕组的阻值是否平衡。

② 根据实验原理中所叙述的方法来确定电动机各绕组的首端和尾端,具体步骤自拟。

4. 检查三相异步电动机的绝缘性能

用兆欧表测量电动机各相绕组对机壳(地)的绝缘电阻和各相绕组间的绝缘电阻,并记录于表 2.6.2 中。

表 2.6.2 三相异步机绝缘电阻的测量

各相绕组的电阻/Ω			各相绕组对机壳(地)的绝缘电阻/MΩ			各相间的绝缘电阻/MΩ		
A 相	B 相	C 相	A 相	B 相	C 相	A、B 相	B、C 相	C、A 相

提示：

① 由于兆欧表在不使用时指针是停在任意位置的，因此必须在以约大于 120 r/min 的速度摇动兆欧表手柄并保持手摇速度不变的情况下，读取数据。测量点必须干净，无油漆和灰尘。

② 兆欧表在被摇转时，其两个测试端之间的电压可达 500V，所以测试时手不能接触测试端。

5. 观察熟悉各控制电器的结构及工作状态

① 细心观察实验板上的交流接触器、热继电器和按钮等控制电器，了解熟悉其结构及动作原理。

② 在断开电源的情况下，用万用表的电阻挡测量上述各电器的常开（动合）、常闭（动断）触点和线圈等对应的接线柱，并将所测线圈的电阻值记入表 2.6.3。检查接触器的常开（动合）和常闭（动断）触点时，可用手将其动铁芯反复按下和松开，若触点接触良好，则应无接触电阻。

表 2.6.3　线圈电阻的测量

测试项目	交流接触器（1）	交流接触器（2）
线圈电阻值/Ω		

6. 三相异步电动机直接启动的控制

按图 2.6.3 接线，接好线后，可进行下列试验：

① 控制电路的检查：在电源开关 Q（主电路三相闸刀）断开，控制电路未接电源的情况下，按下启动按钮 SB_{ST}，并保持按下状态，用万用表电阻挡测量控制电路两端的电阻值。若测得的阻值接近接触器线圈阻值，则说明控制电路无短路或断路现象。

② 检查主电路连线：保持电源开关 Q 断开，用手将接触器的动铁芯按下，用万用表电阻挡测量主电路两进线端的电阻值（星形接法时，应等于两定子绕组相串联的电阻值），从而判别有无短路或断路。

注意： 以上检查切勿带电操作。

③ 待电路检查无误，经老师复查后，接通控制电路电源和主电路电源，按下启动按钮 SB_{ST}，观察电动机启动情况。若电动机运转正常，可按停止按钮 SB_{STP}，电动机停转；若电路工作不正常，再根据电路的工作原理和电压排查法进行分析，直至找出故障原因。此项实验内容结束后，断开控制电路和主电路电源，再拆线。

7. 三相异步电动机的正反转控制

① 按图 2.6.4 接线。参照实验内容 6 的①、②项介绍的方法检查控制电路和主电路。

② 待电路接线检查无误，经老师复查后，接通控制电路电源和主电路电源，按下启动按钮 SB_{STF}，观察电动机转动情况。若正常，可按停止按钮 SB_{STP}，待电动机转速慢下来时观察电动机转向。再按下 SB_{STR}，电动机应该改变方向转动，若正常，按 SB_{STP}，

并断开控制电路和主电路电源。

8. 测量电动机空载转速

用 SZG—20B 数字转速表测量,并将所测转速值记入表 2.6.4 中。

表 2.6.4　电动机的空载转速

测量项目	空载电流/A			空载转速/(r·min^{-1})
	I_{OA}	I_{OB}	I_{OC}	n
测量值				

注意事项

(1) 本次实验电压均处在 220～380 V,要求同学们在接、拆线的过程中严格按操作规程操作。即,接线完毕并检查无误后,方可通电;做完实验后,应首先断开电源,然后再拆线。

(2) 实验接线完成后,必须经教师复查通过后,方可送电。

(3) 在进行电动机启、停实验时,切勿在短时间内频繁操作,以避免电动机的频繁启动。

(4) 电动机的转速很高,启动前要检查其周围无杂物,启动后切勿触碰其转动部分,以免发生人身或设备事故。

思考题

(1) 电动机铭牌上的电压和电流指的是相电压、相电流,还是线电压、线电流?是定子电压、电流,还是转子电压、电流?是最大值、瞬时值,还是有效值?

(2) 三相异步电动机的主回路要有哪些保护措施?用什么电器来进行这些保护?

(3) 热继电器既然能对电动机进行长期过载保护,是否也能同时进行短路保护?为什么?

(4) 在电动机控制电路中,交流接触器具有什么作用?

(5) 在正反转控制电路中,怎样避免发生两组主触头同时接通而造成电源短路?

(6) 在本次三相异步电动机正反转实验中,若要使电动机从正转切换到反转运行,必须先按停止按钮,然后再按反向启动按钮来启动反转。能否改变控制电路,在确保安全的情况下,使三相异步电动机从正向转动直接切换到反向转动呢?

实验报告

本次实验的实验报告应包括以下内容:

(1) 实验电路图与实验数据。

(2) 根据所记录的电动机铭牌数据,计算启动电流和启动转矩。

(3) 根据所记录的电动机铭牌数据,计算其空载电流;计算同步转速,并与所测空载转速进行比较。

(4) 通过实验,总结用万用表检查控制电路的方法。

(5) 实验过程中有无出现故障? 若有,是什么性质的故障? 你是如何检查和排除的?

(6) 回答预习中的问题。

(7) 回答思考题。

(8) 写实验体会和建议。

实验七　三相异步电动机的继电接触控制系统设计

实验目的

三相异步电动机是工农业生产中应用较为广泛的一种电动机。三相异步电动机借助于继电接触控制系统来使用。如何根据工程实际选择能满足工艺要求的继电接触控制系统,是电工学的一个教学目标。电工学设计性实验正是为了达到这一目标而开设。通过本次实验达到以下目的:

(1) 在了解工程实际的同时,分析其工艺要求。

(2) 设计出满足工艺要求的三相异步电动机主、控系统。

(3) 在设计中进一步熟悉电动机的结构特点。

(4) 进一步掌握三相异步电动机的工作原理。

(5) 熟悉交流接触器、行程开关和按钮等几种常用电器,掌握它们的工作原理,并在控制电路中学会正确应用。

(6) 学会设计的全过程,为电工实习打基础。

(7) 学会通过实验来验证设计。

(8) 学会自行设计三相异步电动机主、控系统实验。

实验仪器及设备

具体实验仪器及设备如表 2.7.1 所列。

表 2.7.1　实验仪器及设备

序　号	实验器材名称	型　号	数　量
1	三相异步电动机	Y－801－4	2 台
2	交流接触器	3TB41	3 个
3	行程开关	AZ8200	2 个
4	按钮	LAY3	3 个
5	时间继电器	ST3P	1 个
6	灯箱		1 个
7	连接导线		若干

实验任务

设计一个继电接触器控制电路,要求必须完成下列两个或两个以上功能。具体

功能如下:
(1) 三相异步电动机的正反转控制。
(2) 三相异步电动机工作时必须指示或报警。
(3) 三相异步电动机的行程控制。
(4) 三相异步电动机的时间控制。
(5) 两台或两台以上三相异步电动机的顺序控制。

实验要求

(1) 根据设计任务,查阅资料或就近调研,选择一个满足设计要求的实际工程。
(2) 分析工程实际,弄清其工艺要求并用箭头及符号画出工艺过程简图。
(3) 对三相异步电动机主回路进行设计(必须具有常规保护措施)。
(4) 对三相异步电动机的继电接触器控制电路进行设计。
(5) 按设计任务书的要求完成设计,并写出设计报告。
(6) 编写验证本设计的实验方案。
(7) 完成验证本设计的实验并写实验报告。

实验内容

1. 工程实际题目

(1) 工厂车间行车的行走系统、起吊系统。
(2) 轧制钢锭的辊道系统、压下系统。
(3) 厂内轨道货车行走报警系统。
(4) 电动机 Y-△换接启动控制系统。
(5) 电动门自动控制系统。
(6) 车床自动切削系统。
(7) 车床液压控制系统。
(8) 高炉送料系统。

2. 设计性实验题目

若无条件调研以上工程实例,可以参考以下的设计性实验题目。

1) 具有声光报警的三相异步电动机控制电路的设计

(1) 技术指标

① 电源为三相交流电,380 V/220 V,50 Hz。
② 三相鼠笼式异步电动机:3 kW,1 台。
③ 电动机有零压、过载和短路保护。
④ 电动机有误操作保护电路。
⑤ 对以上情况进行电动机保护的同时具有声光报警。

⑥ 继电器控制电路要有连锁保护。
⑦ 电动机具有的基本控制包括启动、停止、点动、连续转、正转、反转。
⑧ 电路简单合理,安全可靠,调整维修方便。
(2) 设计任务
① 按技术指标要求的基本控制内容和声光报警的要求设计电路。
② 选算各元器件规格、型号和参数。
③ 选算导线截面积。
④ 画出主电路及控制电路图。
⑤ 简述电路工作原理。
⑥ 连接电路,进行通电运行,以验证实验。
(3) 思考题
① 试简述设计步骤。
② 电动机没有零压保护会出什么问题?
③ 单台电动机的控制问题除了以上要求的以外还有哪些?

2) Y-△空载换接启动的控制电路设计

(1) 技术指标
① 三相鼠笼式异步电动机:3 kW,1 台。
② 电源:三相交流电,380 V/220 V,50 Hz。
③ 电动机有零压、过载和短路保护。
④ 继电器控制电路有连锁保护。
⑤ Y-△自动换接。
⑥ 用不同的指示灯表示 Y 启动和△运行。
⑦ 启动结束负载自动接入。
(2) 设计任务
① 设计 Y-△换接启动主电路和控制电路。
② 选算各元器件规格、型号、参数。
③ 选算导线截面积。
④ 画出主电路及控制电路图。
⑤ 简述电路工作原理。
⑥ 连接电路,进行通电运行,以验证实验。
(3) 思考题
① 什么容量的异步电动机启动时要采取降压措施?
② 正常运行时定子绕组是三角形接法的电动机能用 Y-△启动吗?
③ Y-△启动可将启动电流降低到直接启动时的多少? 此时启动转矩是增加还是减小到直接启动的多少?
④ 继电器控制电路没有联锁保护会出现发生什么问题?

3) 定时自动正反转控制电路设计

(1) 技术指标

① 电源:三相交流电,380 V/220 V,50 Hz。

② 三相鼠笼式异步电动机:3 kW,1 台。

③ 电动机额定转速:950 r/min。

④ 工作照明灯:36 V,40 W。

⑤ 短路、零压、过载保护。

⑥ 工作方式:定时,自动转换正反转。

(2) 设计任务

① 设计主电路、控制电路。

② 选算各元器件规格、型号、参数。

③ 选算导线截面积。

④ 画出主电路及控制电路图。

⑤ 简述电路工作原理。

⑥ 连接电路,进行通电运行验证实验。

(3) 思考题

① 在生产实际和生活中,有什么地方用定时自动三相异步电动机正反转电路?举一实例。

② 要保证三相异步电动机正反转正常运行,在控制电路里要采取什么措施?

③ 根据所给的技术指标来判断电动机的极对数和同步转速。

④ 如何点亮工作照明灯?

4) 延时启动的顺序控制电路设计

(1) 技术指标

① 交流电源:380 V。

② 电动机:M_1,3 kW;M_2,5 kW。

③ 延时时间:10~20 s。

④ 启动方式:M_2 自动,M_1 手动。

⑤ 停止方式:M_2 启动后 M_1 停止运行。

(2) 设计任务

① 工作过程:M_1 启动;经过一定延时后,M_2 自动启动;M_2 启动后,M_1 停止运行。

② 设计主电路及控制电路。

③ 选择各元器件规格、型号、参数。

④ 画出主电路及控制电路图。

⑤ 简述电路工作原理。

⑥ 连接电路,进行通电运行,验证实验。

(3) 思考题

① 电动机主电路应具有什么保护措施？

② 有几种延时继电器？写出它们的文字符号及图形符号。

③ 学过的常用控制电器哪些是手动电器？哪些是自动电器？

④ 如果要求 M_2 既能自动启动又能手动启动，控制电路将如何改动？

5）具有行程控制和顺序控制的工作台电路设计

（1）技术指标

① 交流电源：380 V。

② 三相交流异步电动机：M_1，1 kW；M_2，3 kW。

③ 要求有短路、过载保护，短路电流 5 A。

④ 工作控制方式：行程限位控制距离自定。

（2）设计任务

① 设计一个具有行程控制和顺序控制的工作台电路。该电路控制的两个工作台由 A、B 两台电动机拖动。要求按启动按钮后能自动顺序完成下列动作：

➤ 首先 A 从 1 到 2；

➤ 接着 B 从 3 到 4；

➤ 接着 A 从 2 回到 1；

➤ 接着 B 从 4 回到 3。

提示：用四个行程开关，装在原位和终点，每个行程有一个常开触点和一个常闭触点。

② 确定主电路及控制电路方案。

③ 选择各元器件、规格、型号。

④ 计算选择导线截面积。

⑤ 画出主电路及控制电路图。

⑥ 连接电路，进行通电运行验证实验。

（3）思考题

① 简述行程开关的工作原理。

② 要保证一个工作台按顺序正常动作，不会造成电源短路，电动机的控制电路里要采取什么措施？

③ 若甲、乙两地都能控制 A、B 运动部件按要求去动作，其控制电路图应如何画？

④ 若运动部件 A 和 B 还要求能分别手动启停，那么控制电路图应如何画？

6）三条皮带运输电路的顺序控制电路设计

（1）技术指标

① 交流电源：380 V。

② 三台电动机型号均为 Y—100L_1—4，2.2 kW，380 V，5 A。

③ 三台电动机均有零压、过载、短路保护。
④ 选择设计电路中的电器型号。

(2) 设计任务

① 设计一个皮带运输电路。三条皮带分别由三台电动机拖动,具体控制要求如下:
- 按 1♯、2♯、3♯ 电动机的顺序经一定时间的间隔自行启动(其中 1♯ 为手动启动);
- 若 1♯ 停止,2♯、3♯ 必须立即停止;
- 若 2♯ 停止,3♯ 必须立即停止。

② 确定主电路及控制电路的方案。
③ 选择各元器件,规格、型号。
④ 选算导线截面积。
⑤ 画出主电路及控制电路图。

(3) 思考题

① 能完成本设计任务的控制电路方案是否唯一的?能用另一种方案实现吗?请画出电路图。
② 若甲、乙两地都能控制这一电路,其控制电路图应如何画?
③ 三台电动机都启动以后,电源供给的电流是多少?

附 录

1. 常用电器的选择

1) 交流接触器

选择交流接触器时应考虑以下几个方面:

(1) 接触器型号:CJ10 系列是一般任务型交流接触器,用于交流 50 Hz,电压 500 V、电流 150 A 以下的电路;CJ12B 系列用于交流 50 Hz、电压 380 V 以下、电流 600 A 以下的冶金、轧钢和起重机等设备的电力驱动电路。

(2) 接触器线圈的电压:应选择线圈的额定电压与所接的电源电压相符。

(3) 接触器触头额定电流:应根据接触器主触头所控制的负载的额定电流来选择。

(4) 接触器触头数量及形式:由电路的需要来确定。

2) 热继电器

常用的热继电器有 JR0、JR9、JR14 及全国统一设计的 JR15 等系列。JR0 系列热继电器有三个热元件,除了有过载保护作用之外,还有断相运转保护作用。但是这种热继电器出厂前的调整比较复杂,其他系列热继电器有两个热元件只能作电动机过载保护。热元件在选择时,应使其额定电流略大于电动机的额定电流。

3) 按　钮

常用的按钮为 LA 系列,选择时应考虑使用场合、触点种类、数量和按钮颜色等。

4) 时间继电器

时间继电器的种类较多,如电动式、晶体管式和气囊式等。气囊式时间继电器构造简单,延时范围大,应用较多,常用的是 JS7 系列。选择时主要考虑电路电压、触头所在电路的电流及动作要求,据此选择时间继电器吸引线圈的电压、触头电流及延时方式(通电延时或断电延时)。

5) 中间继电器

中间继电器的作用是:扩大接通控制电路的触头数量,把一个输入信号变成多个输入信号。其主要构造与接触器相似,常用的是 JZ7 系列。选择时应考虑线圈电压、触头电流、触头数量等。

6) 熔断器

常用熔断器的有 RC1A 系列瓷插式和 RI.1 系列螺旋式熔断器,用在电压 500 V 以下、电流 200 A 以内的电路中作短路保护。熔丝额定电流 I_{RN} 的选择方法是:根据电动机的额定电流进行选择。当只有一台电动机时,熔丝的额定电流=(1.5~2.5)倍电动机的额定电流;当有多台电动机时,熔丝的额定电流=(1.5~2.5)倍容量最大一台电动机的额定电流+其余各台电动机额定电流之和。

7) 组合开关

组合开关有二极、三极等不同品种,选择时应考虑极数、额定电压和额定电流等。

8) 声光报警器件

常用的声光报警器有电铃、蜂鸣器、电笛(喇叭)和指示灯等。为了与控制电路中的电器配合,简化供电系统,声光报警器的电压有多种:化工厂常用的防爆电笛有 DD—1 型(交流)、DD—2 型(直流),常用的信号灯为 XD 系列。其中 XD5 和 XD6 型用于 220 V 及以下的交、直流电路,这种灯为塑料外壳,内装 E10 型螺口灯泡,灯泡后面装有珐琅电阻用以降压;XD7、XD8 型信号灯适用于 380 V 以下的电路,灯泡后装有变压器。

几种常用的声光报警器的符号如图 2.7.1 所示。

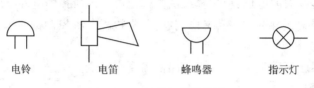

图 2.7.1　几种报警器符号

2. 常用低压电器的技术数据

1) 交流接触器(如表 2.7.2 所列)

表 2.7.2 交流接触器

型 号	额定电流/A	连锁触头额定电流/A	控制电机的最大功率/kW			吸引线圈额定电压/V
			220 V	380 V	500 V	
CJ10—5	5	5	1.2	2.2	2.2	36、110、220、380
CJ10—10	10	5	2.2	4	4	
CJ10—20	20	5	5.5	10	10	
CJ10—40	40	5	11	20	20	

2) 热继电器(如表 2.7.3 所列)

表 2.7.3 热继电路

型 号	继电器额定电流/A	热元件额定电流/A	整定电流范围/A
JR15—10/2	10	0.35	0.25～0.3～0.35
		0.5	0.32～0.40～0.50
		0.72	0.45～0.60～0.72
		1.1	0.68～0.90～1.1
		1.6	1.0～1.3～1.6
		2.4	1.5～2.0～2.4
		3.5	2.2～2.8～3.5
		6	3.2～4.0～5.0
		7.2	4.5～6.0～7.2
		11	6.8～9.0～11
JR15—40/2	40	11	6.8～9.0～11
		16	10～13～16
		24	15～20～24
		35	22～28～35
		50	32～40～50
JR15—100/2	100	50	32～40～50
		72	45～60～72
		100	60～80～100
JR15—150/2	150	110	68～90～110
		150	100～125～150

3) 按钮(如表 2.7.4 所列)

表 2.7.4　按　钮

型　号	规　则	结构形式	触点对数		按钮	
			常开	常闭	数量	颜色
LA2	500 V 5 A	元件	1	1	1	黑、绿、红
LA9	380 V 2 A	元件	1	1	1	黑、绿、红
LA—10—1	500 V 5 A	元件	1	1	1	黑、绿、红
LA—10—1H	500 V 5 A	保护式	1	1	1	黑、绿、红
LA—10—2H	500 V 5 A	保护式	2	2	2	黑、绿、红
LA—10—3H	500 V 5 A	保护式	3	3	3	黑、绿、红

4)气囊式时间继电器(如表 2.7.5 所列)

表 2.7.5　气囊式时间继电器

型　号	线圈电压/V	延时整定范围/s	触点容量		通电延时触点数		断电延时触点数		不延时触点数	
			电压/V	额定电流/A	常开	常闭	常开	常闭	常开	常闭
JS7—1A	24、36、110、127、220、380、420 交流	0.8～60	380	5	1	1				
JS7—2A			380	5	1	1			1	1
JS7—3A		0.4～180	380	5			1	1		
JS7—4A			380	5			1	1	1	1

5)中间继电器(如表 2.7.6 所列)

表 2.7.6　中间继电器

型　号	触点额定电压/V	触点额定电流/A	触点数量		吸引线圈电压/V
			常开	常闭	
JZ7—44	500	5	4	4	12、24、36、110、220、380、420、440、500
JZ7—62	500	5	6	2	
JZ7—80	500	5	8	0	

6)组合开关(如表 2.7.7 所列)

表 2.7.7　组合开关

型　号	极　数	额定电流/A	额定电压/V
HZ10—10/3	3	10	约 380
HZ10—25/3	3	25	约 380
HZ10—60/3	3	60	约 380

7) RCIA 插入式熔断器(如表 2.7.8 所列)

表 2.7.8　RC 1A 插入式熔断器

熔断器额定电流/A	熔丝额定电流/A	极限分断电流/A	功率因素	允许断开次数
5	2.5	250	0.8	3
10	2、4、6、10	500	0.8	3
15	15	500	0.8	3
30	20、25、30	1 500	0.7	3
60	40、50、60	3 000	0.6	3
100	80、100	3 000	0.6	3

8) 电磁振动式电笛(如表 2.7.9 所列)

表 2.7.9　电磁振动式电笛

型　号	电源种类	额定电压/V	功率/W	持续通电时间/min
DDZ2	交流 50 Hz、60 Hz	24、36、110、127、220、380	40	5
DDJ2	直流	24、48、110、220	20	5

实验八 电路测量的仿真实验设计

实验目的

在工业生产中常常需要对电路进行测量。借助电路测量可以判断电路的状况,因此学会电路测量是电工学实践教学的一个重要教学目标。本实验就是为了达到这一目标而开设的。近年来,仿真已成为验证设计的有效方法。本实验通过计算机仿真,可以方便地得到电路测量的波形和数据。本次实验目的如下:

(1) 掌握电路测量的原理和方法。
(2) 学会电路测量的误差分析。
(3) 掌握测量仪器设备的原理和使用方法。
(4) 学会设计实验的方法,了解实验的步骤。
(5) 学会使用虚拟仪器进行电路波形和数据的测量。
(6) 学会通过仿真实验来验证设计。

实验任务

(1) 本实验给出了几个电路测量题目供选择。至少选择一个电路测量题目进行设计。

(2) 要求编写实验指导书并完成设计报告和实验报告各一份。实验指导书及两个报告的具体要求见第 7 章的电工实验方法。

(3) 在设计中必须完成下列要求:

① 根据电路测量题目的实际要求和情况,进行测量电路的方案设计。测量方案包括:测量内容、方法、步骤和设备等。

② 对电路测量题目中的多项内容要逐一设计、测量和分析。

③ 用仪器设备和虚拟仪器分别测量电路时,要先设计各自的测量方案,测量结束后并将其结果进行比较分析。

(4) 若只用虚拟仪器测量电路,至少要对其中一项内容,设计两种不同的测量方案,并将其结果进行比较分析。

实验要求

(1) 根据电路测量题目,进行选题或由老师直接分配题目。
(2) 阅读本实验内容和附录,弄清电路测量题目的意义和要求。
(3) 学习测量仪器设备的原理和使用方法。
(4) 学习实验仿真软件 EWB 的使用方法。
(5) 进行电路测量方案的设计。

(6) 按设计任务书的要求,完成设计并写出设计报告。
(7) 编写验证本设计的实验指导书。
(8) 完成实验并写实验报告。

实验内容

1. 测量电源的外特性

1) 目　的

(1) 学习电压源和电流源外特性的测定。
(2) 熟悉电流表、电压表的测量使用方法。
(3) 掌握电子仿真软件的使用方法。

2) 任　务

(1) 设计恒流源和电流源外特性的测量方案并进行测量、分析。
(2) 设计恒压源和电压源外特性的测量方案并进行测量、分析。
(3) 总结内阻变化对电压源、电流源的影响。
(4) 通过测量验证电压源和电流源可以互换的可行性。

3) 要　求

(1) 在坐标纸上画出恒流源和电流源的外特性。
(2) 在坐标纸上画出恒压源和电压源的外特性。
(3) 对 4 条外特性曲线,分别用不同的两个测量方案来获得,并作比较,说明其结果。

4) 预　习

(1) 复习电压源和电流源的外特性。
(2) 阅读本实验附录中的第 2 部分,学习电源原理及测量外特性的参考实例。
(3) 阅读本教材第 5 章,熟悉仿真软件 EWB 的使用方法。

5) 思考题

(1) 负载(指负载电流)增加,恒流源和电流源的端口电压如何变化?
(2) 负载(指负载电流)增加,恒压源和电压源的端口电流如何变化?
(3) 什么参数决定这 4 种电源的输出功率?
(4) 简述用电工仪表测量电源的外特性的方法。
(5) 简述用虚拟仪表测量电源的外特性的方法。
(6) 改变电源内阻大小,对电压源、电流源有何影响?
(7) 电压源和电流源为何可以互换? 互换的原则是什么? 互换的方法是什么?
(8) 恒压源和恒流源是否可以互换? 为什么?

2. 测量暂态电路的参数和响应波形

1) 目　的

(1) 加深对暂态电路的认识和理解。

(2) 了解电路参数对电路响应的影响。
(3) 学习用 EWB 仿真软件测量暂态电路的响应曲线。

2) 任　务

(1) 根据图 2.8.1 和要求，设计其测量方案。

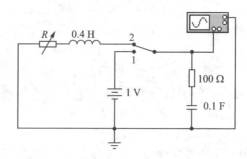

图 2.8.1　测量暂态电路的仿真实验线路图

(2) 测量 RC 电路的电容电压和电流的响应曲线。
(3) 测量 RLC 电路的电感电压、电容电压和电流的响应曲线。
(4) 测量 RC 电路的充电时间常数和 RLC 串联电路的放电时间常数。

3) 要　求

(1) $u_C(t)=0$ V 时，测量 RC 电路中电容电压 $u_C(t)$ 和电流 $i_C(t)$ 的响应曲线，并测量 RC 电路的充电时间常数。

(2) $u_C(t)=5$ V 时，测量 RC 电路中电容电压 $u_C(t)$ 和电流 $i_C(t)$ 的响应曲线，并测量 RC 电路的充电时间常数。

(3) 将电阻从 100 Ω 减小到 50 Ω，观察和分析 RC 电路中电容电压 $u_C(t)$ 和电流 $i_C(t)$ 的变化情况。

(4) 测量 $R=0$ Ω 时 RLC 串联电路中电感电压 $u_L(t)$、电容电压 $u_C(t)$ 和电流 $i_{LC}(t)$ 的波形，确定电感电压出现极小值的时间。

(5) 调节 R，观察和分析 RLC 串联电路中电感电压 $u_L(t)$、电容电压 $u_C(t)$ 和电流 $i_{LC}(t)$ 的变化情况。

(6) $R=0$ Ω、$u_C(t)=1$ V 时，测量 RLC 串联电路的放电时间常数。

(7) $R=0$ Ω、$u_C(t)=0.5$ V 时，测量 RLC 串联电路的放电时间常数。

(8) 谈谈实验的体会。

4) 预　习

(1) 复习 RC 暂态电路的有关理论。
(2) 学习 RLC 暂态电路的有关理论。
(3) 阅读本实验后面所附的附录第 4 部分内容，学习 RLC 串联零输入响应的电路原理。
(4) 阅读本教材第 5 章，熟悉仿真软件 EWB 的使用方法。

5) 思考题

(1) 什么是一阶暂态电路？RC 暂态电路、RLC 暂态电路都是一阶暂态电路吗？

(2) 电路中的电容 C 什么时候相当于开路？什么时候相当于短路？

(3) 电路中的电感 L 什么时候相当于开路？什么时候相当于短路？

(4) 本实验中 RC 暂态电路的放电时间常数如何测量？它的充电时间常数和放电时间常数是否相等？

(5) 总结电路中电阻的改变对 RC 暂态电路和 RLC 暂态电路的影响。

6) 注意事项

(1) 开关用元件库中的延时开关，电路中电流波形用电阻电压代替。

(2) 使用电子仿真软件中的示波器测量电路时，注意示波器接地端的连接。

3．测量滤波电路的参数和波形

1) 目　的

(1) 了解滤波电路的参数和输出波形的关系。

(2) 利用仿真软件测量电路的频率特性曲线。

(3) 进一步掌握 EWB 仿真软件的使用方法。

2) 任　务

(1) 设计高通滤波电路频率特性的测量方案，并进行测量、分析。

(2) 设计低通滤波电路频率特性的测量方案，并进行测量、分析。

(3) 设计带通滤波电路频率特性的测量方案，并进行测量、分析。

(4) 设计带阻滤波电路频率特性的测量方案，并进行测量、分析。

(5) 调节 R、C 参数，利用仿真软件测量电路的截止频率、频率特性。

(6) 分析 R、C 参数对电路品质因数的影响。

3) 要　求

(1) 按实验任务设计测量电路图。

(2) 整理测得的实验数据，填入事先设计好的表中。

(3) 在坐标纸上画出相应电路的幅频特性曲线，并分析其特点。

(4) 计算电路的品质因数，分析 R、C 参数对电路品质因数的影响。

4) 预　习

(1) 复习滤波电路的有关理论。

(2) 阅读本实验附录第 3 部分，学习滤波电路的原理。

(3) 阅读本教材第 5 章，熟悉仿真软件 EWB 的使用方法。

5) 思考题

(1) 什么是高通滤波电路？它的特点是什么？应用在哪里？

(2) 什么是低通滤波电路？它的特点是什么？应用在哪里？

(3) 什么是带通滤波电路？它的特点是什么？应用在哪里？

(4) 什么是带阻滤波电路？它的特点是什么？应用在哪里？

(5) 何为品质因数？它是大好还是小好？

6) 注意事项

搭接电路时应连接地线 GND。

4．测量谐振电路的参数及谐振曲线

1) 目 的

(1) 改变电路参数使 RLC 电路发生谐振，观察电路谐振的特点。

(2) 测量 RLC 电路的谐振曲线。

(3) 进一步掌握电子仿真软件的使用方法。

2) 任 务

(1) 根据图 2.8.2 和要求，设计其测量方案。

(2) 测量图 2.8.2 串联谐振的谐振点。

(3) 测量串联谐振的谐振曲线。

(4) 设计并联谐振电路并进行测量研究。

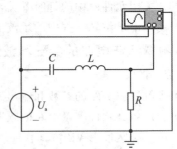

图 2.8.2 串联谐振电路的仿真实验线路图

3) 要 求

(1) 选择测量谐振频率的方法。

(2) 比较实验中测得的谐振频率与计算值是否一致。

(3) 根据实验数据，说明串联谐振的谐振特点。

(4) 求出不同电阻下电路的品质因数 Q 和通频带 Δf。

(5) 对测量结果进行误差分析。

4) 预 习

(1) 复习谐振电路的有关理论。

(2) 阅读本实验附录中的第 5 部分，学习串联谐振电路原理。

(3) 阅读本教材第 5 章，熟悉仿真软件 EWB 的使用方法。

(4) 根据串联谐振电路的测量方法，设计并联谐振电路的测量方案。

5) 思考题

(1) 什么是谐振电路？电路发生谐振是有利还是有害？

(2) 串联谐振与并联谐振有什么相同之处和不同之处？

(3) 电路中的电感 L 什么时候相当于开路？什么时候相当于短路？

(4) 为什么滤波电路和谐振电路都用品质因数 Q？也都能用通频带 Δf？

(5) 什么是通频带 Δf？如何用数学表达式描述通频带 Δf？

(6) 滤波电路和谐振电路有哪些共性和个性？

5. 测量非正弦周期电路的输出波形及参数

1) 目 的

(1) 加深对非正弦周期电路的认识和理解。

(2) 了解非正弦周期电路的测量方法。

(3) 进一步掌握电子仿真软件的使用方法。

2) 任 务

(1) 根据图 2.8.3 和要求,设计测量方案。

(2) 测量图 2.8.3 中负载电阻 R_L 的电压、电流波形和大小(有效值和平均值)。

(3) 测量图 2.8.3 中负载电阻 R_L 的功率。

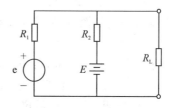

图 2.8.3 非正弦周期电路的实验线路图

3) 要 求

(1) 设定图 2.8.3 电路各元件参数,测量负载电阻 R_L 的电压、电流波形并用坐标纸画出。

(2) 测量负载电阻 R_L 的电压、电流有效值和平均值并与计算值进行比较,分析误差。

(3) 测量负载电阻 R_L 的功率并与计算值进行比较,分析误差。

4) 预 习

(1) 复习非正弦周期电路的有关理论。

(2) 阅读本实验附录中的第 6 部分,学习非正弦周期电路原理。

(3) 阅读本教材第 5 章,熟悉仿真软件 EWB 的使用方法。

(4) 根据非正弦周期电路原理来选择非正弦周期电路的测量方法。

5) 思考题

(1) 什么是非正弦周期电路?

(2) 非正弦周期电路与正弦周期电路有什么不同之处?

(3) 正弦周期电路的分析计算方法有哪些能用于非正弦周期电路?

(4) 非正弦周期电路一般采用什么分析方法?

(5) 用直接测量或用间接测量其误差有多大?

附 录

1. 设计测量方案的几点考虑及测量过程

1) 设计测量方案的几点考虑

(1) 了解被测量的特点,明确测量目的

在做设计测量方案前,要了解被测量是直流量还是交流量。如果是直流量,应当预先估计其内阻的大小;如果是交流量,要弄清它是低频量还是高频量。是正弦量还是非正弦量。是线性变化量还是非线性变化量。是测量有效值、平均值还是峰值等。

测量高频量或脉冲量应选择宽频带示波器;测量非正弦电压要进行波形换算或用一些间接的测量方法;测量非线性变化量(如具有气隙的铁芯电感等)要注意实际的工作状态。

(2) 弄懂测量原理,制定初步方案

根据被测量的性质,估计误差范围,分析主要影响因素,初步拟定几个方案进行优选。

对于复杂的测量任务,可采用间接测量方法。可以预先绘制测量框图,搭接测量电路,制定计算步骤及计算公式等。在拟定测量步骤时,要注意以下几点:

① 应使被测电路及测量仪器等处于正常状态。
② 应满足测量原理中所要求的测量条件。
③ 尽量减小系统误差,设法消除随机误差的影响,合理选择测量次数及组数。

(3) 明确准确度要求,合理选择仪器类型

由被测量的大小和频率范围选择仪器、仪表的量程,以满足测量的准确度要求。

由被测量的性质及应用场合选择仪器的类型及技术性能。譬如:科研、计量部门多采用精密测量方法,严格进行误差分析。对于工程性质的问题多采用技术测量方法。尽管工程性质的问题对测量误差要求不很严格,但也应采用正确的测量方法,合理的选择仪器仪表。

(4) 环境条件要符合测量要求

测量现场的温度、电磁干扰、仪器设备的安放位置、安全设施等,均应符合测量任务的要求。必要时应采用空调、屏蔽和减震等措施。

2) 测量过程

测量过程分为以下三个阶段:

(1) 准备阶段

主要是选择测量方法及仪器仪表。

(2) 测量阶段

注意测量的准确度、精确度、测量速度及正确记录等。

(3) 数据处理阶段

将测量数据进行整理,给出正确的测量结果,绘制表格和曲线,做出分析和结论。

3) 选择测量仪器仪表的方法

选择一台测量仪器,应注意下列各项:

① 明确仪器的精确度等级及其修正值。
② 明确仪器各项技术指标的意义及各项误差所对应的工作条件(例如环境温度等)。
③ 选择标准仪器校表的条件是其容许误差限应小于被校仪器容许误差限的1/3

~1/10。例如,校验准确度为 1.0 级的仪表,应选择经过校准的 0.2 级仪表做标准表。

④ 检验仪器误差有两种方式:一种是利用比较原理直接检验仪器的总误差;另一种是先检验各分项误差,然后再进行合成(称间接检验)。至于采用何种检验方式,应视各种仪器的具体情况而定。

2. 电源原理及测量外特性的参考实例

实际电压源与实际电流源如图 2.8.4 所示。通过测量图 2.8.4 负载两端的一组电压和电流值,可以得到电源的外特性曲线。电源的外特性是一条有些倾斜的直线。由于电源的外特性具有倾斜角,因此电压源的输出电压与电流源的输出电流会随负载的变化而变化。电源外特性的这一特点是电源内阻所形成的。当电压源的内阻小到可以忽略不计,电流源的内阻大到近似无穷大时,我们就得到理想的电压源和理想的电流源。

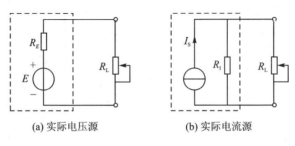

图 2.8.4 实际电压源与实际电流源电路图

理想电压源与理想电流源的输出特性如图 2.8.5 所示。理想电压源的输出电压与理想电流源的输出电流不随负载的变化而变化。

EWB 仿真软件中的电源是理想电源。

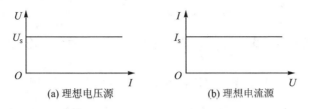

图 2.8.5 理想电源的输出特性

参考实例

恒流源的电流大小选 12 mA,电流源的内阻选 560 Ω;恒压源的电压大小选 10 V,电压源的内阻选 370 Ω;负载电阻选 0、100 Ω、330 Ω、560 Ω、∞。

测得的实验数据填入表 2.8.1 中。

3. 滤波电路的原理

RC 电路中电流及各部分电压与频率的关系称为 RC 电路的频率特性。电容元件在正弦交流电路中的容抗 $x_C = \dfrac{1}{2\pi f C}$，它与电源的频率有关。因此，当输入端外加电压保持幅值不变而频率变化时，其容抗将随频率的变化而变化，从而引起整个电路的阻抗发生变化，电路中的电流及在电阻和电容元件上所引起的电压也会随频率的变化而变化。

表 2.8.1 电源的外特性的测量

负载电阻/Ω		测量数据				
		0	100	330	560	∞
恒流源	U_L/V					
	I_L/mA					
电流源	U_L/V					
	I_L/mA					
电压源	U_L/V					
	I_L/mA					
恒压源	U_L/V					
	I_L/mA					

通常称输出电压 $U_o(j\omega)$ 与输入电压 $U_i(j\omega)$ 的比值为电路的传递函数，用 $T(j\omega)$ 来表示，即

$$T(j\omega) = \frac{U_o(j\omega)}{U_i(j\omega)} = \frac{U_o(\omega)}{U_i(\omega)} \angle \phi(\omega) = |T(j\omega)| \angle \phi(\omega) \qquad (2.8.1)$$

$|T(j\omega)|$ 用来表示式中 $\dfrac{U_o(\omega)}{U_i(\omega)}$，它是指输出电压有效值和输入电压有效值之比，称传递函数的模。它随 ω 变化的特性称为电路的幅频特性。即 $|T(j\omega)| = \dfrac{U_o}{U_i}(\omega)$；而辐角 $\phi(\omega)$ 随 ω 变化的特性称为电路的相频特性。两者统称为电路的频率特性。

1) 高通滤波电路

实验电路如图 2.8.6 所示，它是由 RC 串联组成的电路，其输出电压取自电阻两端。该电路的幅频特性曲线如图 2.8.7 所示。

由幅频特性曲线可以看出：当 $f=f_0$ 时，$T(f)=0.707$；随着 f 变大，$T(f)$ 逐渐趋近于 1，即 $U_o \to U_i$；当 $f<f_0$ 时，$T(f)$ 变化显著，随着 f 变小，$T(f)$ 逐渐趋近于零。因此这种电路具有抑制低频信号，而高频信号易于通过的特点，故称为高通滤波

电路。在交流放大电路中,常作为 RC 阻容耦合电路,来传递交流信号。

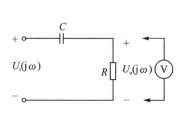

图 2.8.6　RC 高通滤波器

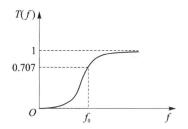

图 2.8.7　RC 高通滤波器幅频特性

2) 低通滤波电路

实验电路如图 2.8.8 所示,它也是由 RC 串联电路组成,其输出电压取自电容两端。该电路的幅频特性曲线,如图 2.8.9 所示。$f_0 = \dfrac{1}{2\pi RC}$,称为截止频率。由此曲线可以看出:当 $f > f_0$ 时,$T(f)$ 明显下降;当 $f < f_0$ 时,$T(f)$ 接近于 1。因此,这种电路有抑制高频信号,而低频信号易于通过的特点。

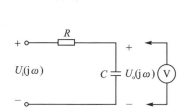

图 2.8.8　RC 低通滤波器

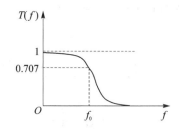

图 2.8.9　RC 低通滤波器幅频特性

在高通滤波电路和低通滤波电路中,其 f_0 为

$$f_0 = \frac{1}{2\pi RC} \tag{2.8.2}$$

对应的 $T(f_0)$ 为

$$T(f_0) = \frac{1}{\sqrt{2}} = 0.707 \tag{2.8.3}$$

为了不使输出电压幅值下降太多,特规定 f_0 为界限频率,故称为截止频率,对应的角频率称为截止角频率,即 $\omega_0 = \dfrac{1}{RC}$。低通滤波电路通常应用在各种滤波电路中,用来抑制高频干扰信号。

3) 带通滤波电路

带通滤波电路是只允许通过一个频带中的信号成分,在这个频带之外的信号成分被衰减。其电路由高通滤波电路和低通滤波电路共同组合而成,电路的幅频特性如图 2.8.10 所示。电路的重要参数为品质因数,用 Q 表示:

$$Q = \frac{\sqrt{f_H f_L}}{\sqrt{f_H - f_L}}$$

式中：f_H 表示高频频率；f_L 表示低频频率。

① 当 Q 值低时，此电路的选频功能较低，允许较宽的频带范围的信号通过；

② 当 Q 值高时，此电路的选频功能较强，允许较窄的频带范围的信号通过。

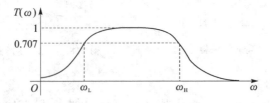

图 2.8.10 带通滤波电路幅频特性曲线

4）带阻滤波电路

带阻滤波电路只选择性地衰减一个频带内的信号，而在这个频带范围之外的信号成分都可以无衰减地通过。常见的带阻滤波器为双 T 选频电路，其电路由高通滤波电路和低通滤波电路组合而成。该电路及幅频特性如图 2.8.11 所示。

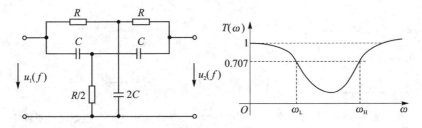

图 2.8.11 带阻滤波电路及幅频特性曲线

4. RLC 串联零输入响应的电路原理

暂态电路中的 RLC 串联零输入响应曲线是振荡衰减或无振荡衰减曲线。其原理是：当初始储能由电场向磁场转换时，R 将要耗去一部分能量；当磁场能量返回电场时，R 又会耗去能量；直至储能被 R 耗尽为止，电路的响应也就结束了。显然，此振荡是衰减的。如果电阻较大，可能在电场与磁场能量的第一次交换中储能就被消耗掉，第二次能量交换便不会出现，这种情况称为一次放电，而无振荡出现。

在二阶电路中的零输入响应中，根据 R、L、C 参数与电路特征方程根的关系，电路的响应可分为过阻尼、临界阻尼、欠阻尼、无阻尼四种不同的响应情况。

如图 2.8.12 所示电路中，根据 KVL，有

$$LC \frac{d^2 u_C}{dt^2} + RC \frac{du_C}{dt} + u_C = 0$$

RLC 串联电路的特征方程以及特征根为：

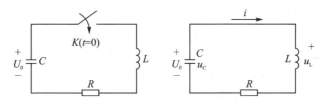

图 2.8.12　RLC 串联电路零输入响应的实验图

$$LS^2 + RS + \frac{1}{C} = 0$$

$$S_{1,2} = -\frac{R}{2L} \pm \sqrt{\left(\frac{R}{2L}\right)^2 - \frac{1}{LC}}$$

根据 R、L、C 参数的不同,特征根可能有 4 种不同情况,相应的电路也有四种不同的响应情况。

1) 过阻尼状态

过阻尼状态:$(R/2L)^2 > 1/(LC)$,如图 2.8.13 所示。

特征根 $S_1 = -\alpha_1$;$S_2 = -\alpha_2$ 为不相等的负实根,其响应为两个衰减的指数函数之和。

$$u_C = A_1 e^{-\alpha_1 t} = A_2 e^{-\alpha_2 t} = \frac{U_0}{\alpha_2 - \alpha_1}(\alpha_2 e^{-\alpha_1 t} - \alpha_1 e^{-\alpha_2 t}), \quad t \geqslant 0$$

由于 $|\alpha_1| > |\alpha_2|$,在 $t \geqslant 0$ 之后,u_C 表达式中的第二项要比第一项衰减得快,电容电压从初始电压 U_0 开始,单调衰减到零,响应是非振荡的。

2) 临界阻尼状态

临界阻尼状态:$(R/2L)^2 = 1/(LC)$,如图 2.8.14 所示。

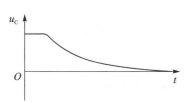

图 2.8.13　过阻尼响应($R = 10\ \Omega$)

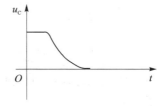

图 2.8.14　临界阻尼响应($R = 4\ \Omega$)

特征根 $S_1 = S_2 = -\alpha$ 为两个相等的负实根,由于出现重根,此时电路的响应电压为

$$u_C(t) = A_1 e^{S_1 t} + A_2 t e^{S_2 t} = (A_1 + A_2 t) e^{-\alpha t}, \quad t \geqslant 0$$

$$\begin{cases} u_C(0) = U_0 \\ \dfrac{du}{dt}\bigg|_{t=0} = 0 \end{cases} \quad (初始条件)$$

将初始条件代入前式得:
$$u_C(t) = U_0(1+\alpha t)e^{-\alpha t}, \quad t \geqslant 0$$

其波形仍然是非振荡的。但此时如果电阻 R 稍稍减少,就会出现 $[R/(2L)]^2 < [1/(LC)]$ 的情况,电路就会出现振荡放电。因此,当满足 $[R/(2L)]^2 = 1/(LC)$ 时,响应处于振荡与非振荡的临界情况,故称为临界阻尼情况。

3) 欠阻尼状态

欠阻尼状态:$[R/(2L)]^2 < [1/(LC)]$,如图 2.8.15 所示。

特征根 $S_{1,2} = -\alpha \pm j\omega_d$ 为两个共轭复根,响应电压为:
$$u_C = e^{-\alpha t}(A_1 \cos \omega_d t + A_2 \sin \omega_d t), \quad t \geqslant 0$$

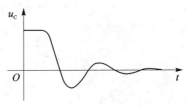

图 2.8.15 欠阻尼响应($R=1\ \Omega$)

式中,常数 A_1、A_2 由初始条件 $u_C(0)$、$u'_C(0)$ 来确定,即

$$\begin{cases} u_C(0) = A_1 \\ u'_C(0) = -\alpha A_1 + \omega_0 A_2 = \dfrac{i_L(0)}{C} \end{cases}$$

当 $i_L(0) = 0$ 时,有

$$u_C = \frac{\omega_0}{\omega_d} U_0 e^{-\alpha t} \cos(\omega_d t - \theta), \quad t \geqslant 0$$

$$i = -C\frac{du_C}{dt} = -\frac{\omega_0^2 C}{\omega_d} U_0 e^{-\alpha t} \sin \omega_d t, \quad t \geqslant 0$$

$$u_L = L\frac{di}{dt} = K e^{-\alpha t} \cos(\omega_d t + \beta), \quad t \geqslant 0$$

$$\begin{cases} \omega_0 = \sqrt{\alpha^2 + \omega_d^2} \\ \theta = \arctan \dfrac{\alpha}{\omega_d} \end{cases}$$

可见,在欠阻尼状态,响应曲线是按指数规律衰减的正弦振荡。阻尼系数 α 越大,衰减越快。

4) 无阻尼状态

无阻尼状态:$R=0$,如图 2.8.16 所示。

$$\begin{cases} \omega_d = \omega_0 = \dfrac{1}{\sqrt{LC}} \\ S_{1,2} = +j\omega_d \pm j\omega_0 \end{cases}$$

特征根为共轭虚数,响应电压为:
$$u_C = A\cos \omega_0 t$$
$$u_C(0) = U_0, \quad i(0) = 0$$

$$u_C(t) = U_0 \cos \omega_0 t, \quad t \geqslant 0$$

此情况即为 LC 正弦振荡电路。电容电压的变化曲线如图 2.8.16 所示。

5. 串联谐振电路原理

RLC 串联谐振电路如图 2.8.17 所示。

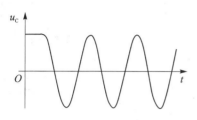

图 2.8.16　无阻尼响应（$R = 0\ \Omega$）

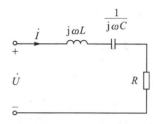

图 2.8.17　RLC 串联谐振电路

1) 谐振现象

在含有电感和电容元件的电路中,电路两端的电压与电流一般是不同相的。如果调节电路的参数或电源的频率使它们同相,这时电路中就发生谐振现象。如图 2.8.17 所示的及 RLC 串联电路,电压与电流的关系为:

$$\dot{I} = \frac{\dot{U}}{R + \mathrm{j}\omega L + 1/\mathrm{j}\omega C}$$

当 $\omega L = 1/(\omega C)$,即

$$\omega_0 = \frac{1}{\sqrt{LC}}$$

此时输入电压与电流同相,电路发生谐振。电路中的电流达到最大值($I = U/R$),电路呈电阻性,电感电压与电容电压有效值相等,为电源电压有效值的 Q 倍,即

$$U_L = U_C = Q U_S$$

Q 为电路的品质因数,它是由电路本身决定的,即

$$Q = \frac{\omega_0}{BW} = \frac{\omega_0 L}{R} = \frac{1}{\omega_0 RC}$$

当 RLC 电路两端的电压一定时,电路中电流随频率变化的曲线称为电流谐振曲线,如图 2.8.18 所示,曲线的顶点为谐振点。当电流下降到谐振电流的 0.707 倍时,对应的频率范围称为电路的通频带,$BW = \omega_2 - \omega_1$,或 $\Delta f = f_2 - f_1$。如果 I/I_0 为纵坐标,f/f_0 为横坐标,可得到如图 2.8.19 所示的串联谐振电路的通用谐振曲线。

2) 谐振点的测量表格设计举例

在电子仿真软件平台上搭接图 2.8.20 所示实验线路,用示波器观察电压电流相位关系。

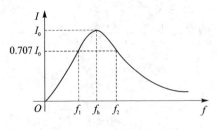

图 2.8.18 电流的谐振曲线

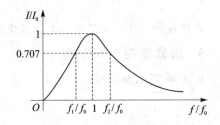

图 2.8.19 通用谐振曲线

(1) 谐振点的测量

① 用示波器观察输入电压与电流的相位关系。
② 用电流表测量电流最大值。
③ 用伏特表观察电容电压与电感电压的大小。

通过以上方法,调节电路参数使电路发生谐振,测出谐振点的参数。其中 f_0 为谐振频率理论值。

(2) 测量电流谐振曲线

确定 L、C 值,对不同的 R 值(可取 $R=100\ \Omega$、$500\ \Omega$、$1\ k\Omega$、$2\ k\Omega$、$10\ k\Omega$ 等),在"分析"菜单中选择 AC Frequency,对串联电路的电流(可用电阻两端

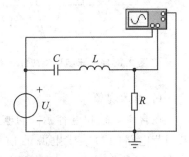

图 2.8.20 实验线路示意图

电压)进行分析,观察不同电阻值下的 $I-f$ 曲线(即 $V-f$ 曲线),了解 Q 值对谐振曲线的影响,测出不同曲线的通频带 Δf。

① 选三组 R、L、C 参数,调节电源频率 f,使电路发生谐振,测出谐振时的各参数值,填入表 2.8.2 中。

表 2.8.2 调节电源频率 f

	U_R/V	U_C/V	U_L/V	I_0/mA	f_0/Hz	f_0'/Hz	Q
$R_1 L_1 C_1$							
$R_2 L_2 C_2$							
$R_3 L_3 C_3$							

② 选三组 R、L、f 参数,调节电容参数 C,使电路发生谐振,测出谐振时的各参数值,填入表 2.8.3 中。

表 2.8.3 调节电容参数 C

	U_R/V	U_C/V	U_L/V	I_0/mA	f_0/Hz	f_0'/Hz	Q
$R_1 L_1 f_1$							
$R_2 L_2 f_2$							
$R_3 L_3 f_3$							

③ 选三组 R、C、f 参数,调节电感参数 L,使电路发生谐振,测出谐振时的各参数值,填入表 2.8.4 中。

表 2.8.4 调节电感参数 L

	U_R/V	U_C/V	U_L/V	I_0/mA	f_0/Hz	f_0'/Hz	Q
$R_1C_1f_1$							
$R_2C_2f_2$							
$R_3C_3f_3$							

6. 非正弦周期电路原理

在不少实际应用中,除了正弦电压和电流外,还会遇到非正弦量,如矩形波电压、锯齿波电压、三角波电压及全波整流电压等。对于非正弦量的计算如下所述。

1) 有效值

(1) 非正弦周期电流 i 的有效值

$$I = \sqrt{\frac{1}{T}\int_0^T i^2 \mathrm{d}t}$$

经计算得出

$$I = \sqrt{I_0^2 + I_1^2 + I_2^2 + \cdots}$$

式中,$I_1 = \dfrac{I_{1m}}{\sqrt{2}}$,$I_2 = \dfrac{I_{2m}}{\sqrt{2}}$,…

(2) 非正弦周期电压 u 的有效值

$$U = \sqrt{U_0^2 + U_1^2 + U_2^2 + \cdots}$$

2) 平均值

(1) 非正弦周期电流 i 的平均值

$$I_0 = \frac{1}{T}\int_0^T i\,\mathrm{d}(\omega t)$$

(2) 非正弦周期电压 u 的平均值

$$U_0 = \frac{1}{T}\int_0^T u\,\mathrm{d}(\omega t)$$

3) 平均功率

计算非正弦周期电流电路中的平均功率和在正弦交流电路中一样也可应用下式:

$$P = \frac{1}{T}\int_0^T p\,\mathrm{d}t = \frac{1}{T}\int_0^T ui\,\mathrm{d}t$$

设非正弦周期电压和非正弦周期电流如下

$$u = U_0 + \sum_{k=1}^{\infty} U_{km}\sin(k\omega t + \Psi_k)$$

$$i = I_0 + \sum_{k=1}^{\infty} I_{km} \sin(k\omega t + \Psi_k - \phi_k)$$

经计算平均功率为

$$P = U_0 I_0 + \sum_{k=1}^{\infty} U_k I_k \cos \phi_k = P_0 + \sum_{k=1}^{\infty} P_k =$$

$$P_0 + P_1 + P_2 + \cdots$$

非正弦周期电流电路中的平均功率等于恒定分量和各正弦谐波分量的平均功率之和。

实验九 小型供电系统的设计和安装

实验目的

现代生产、现代工作和现代生活都与电的应用紧密相关。因此了解与人们生活、工作密切相关的小型供电系统的组成、供电方式,了解基本电器的结构原理以及为了保证人身安全如何采取防止触电事故发生的措施是每个大学生必须掌握的知识。

一般直接针对用户的小型供电系统由电源、电度表、熔断器、漏电保护器、开关及插座等电器组成,如图 2.9.1 所示。

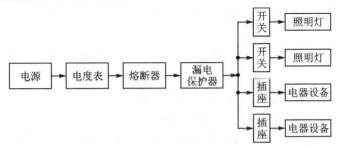

图 2.9.1 常用供电电路方框图

实验仪器及设备

具体实验仪器及设备如表 2.9.1 所列。

表 2.9.1 实验仪器及设备

序 号	实验器材名称	型号规格	数 量
1	调压变压器		1 台
2	交流电流表		1 块
3	交流电压表		1 块
4	电度表		1 块
5	漏电保护器	线圈电压 220 V	1 只
6	熔断器		1 只
7	双刀单掷开关		1 只
8	两相插座		2~3 只
9	三相插座		2~3 只
10	灯泡		2~3 个
11	供电电路实验板	自制	1 块
12	连接导线		若干

实验任务

(1) 本实验给出了几个小型供电系统的题目供选择,请至少选择一个小型供电系统题目进行设计安装。根据实验条件,也可以选择其他小型供电系统的题目设计。

(2) 要求设计实验方案并编写其实验指导书并完成设计报告和实验报告各一份。实验指导书及两个报告的具体要求参见第 7 章电工实验方法。小型供电系统实验指导书的内容和编写形式可参考本实验中的小型供电系统的实验实例。

(3) 通过本次实验应达到会设计安装小型供电系统的目的,具体要求如下:

① 了解小型供电系统供电方式和供电电路的组成。
② 计算和认识各种照明灯具的用电量和用电特点。
③ 进一步熟悉小型供电系统的特点和所用电器的用电特点。
④ 选择计算导线截面积。
⑤ 熟悉电度表、熔断器、漏电保护器、开关及插座等电器,掌握它们的工作原理,学会正确应用。
⑥ 在设计中,要考虑经济性,学会节约用电。
⑦ 了解防止触电的措施,学会安全用电。
⑧ 根据不同需求设计出满足用户要求的小型供电系统并学会安装。

实验要求

(1) 查阅资料或就近调研,了解用户使用的电器。
(2) 根据用户要求选择小型供电系统的供电方式。
(3) 根据用户的用电量计算供电导线的线径,选择小型供电系统的控制电器。
(4) 分析工程实际和安装环境,弄清其安装要求并用箭头及符号画出安装流程简图。
(5) 按设计任务书的要求,完成设计,并写出设计报告。
(6) 编写验证本设计的实验方案即实验指导书。
(7) 完成验证本设计的实验并写实验报告。

预习要求

(1) 阅读本实验中的实验实例与设计内容说明,熟悉小型供电系统的组成和接线方法。
(2) 阅读本实验附录中的第 1 部分,熟悉插座的正确接法。
(3) 阅读本实验附录中的第 2 部分,了解单相电度表的结构、原理和使用。
(4) 阅读本实验附录中的第 3 部分,了解漏电保护器的结构、原理和使用。
(5) 阅读教材,了解安全用电常识。

思考题

(1) 有几种触电种类？如何预防？
(2) 触电电流多少时人体会受到致命伤？
(3) 何为保护接地、保护接零？
(4) 什么时候采用保护接地？
(5) 什么时候采用保护接零？
(6) 在同一接零系统中，能否使用保护接地的设备？
(7) 电动机没有零压保护会出什么问题？
(8) 为什么单相电器应使用三相插头和三相插座？
(9) 何为重复接地？重复接地有什么作用？
(10) 接地体电阻的大小是根据什么来确定的？
(11) 单相电度表主要由哪四部分组成？
(12) 漏电保护器是一种在负载的什么线与什么线之间发生漏电或人体接触什么线发生触电事故时起保护作用的电器？
(13) 在照明电路中熔断器主要起什么保护作用？
(14) 当频率为 50～60 Hz 的交流电流流经人体时，电流达到多大时对人体有危害？当电流达到多大时，对人体有致命的危险性？当电流达到多大时，将致人死亡？
(15) 在接三相插座时，把插座上的什么端必须接在电源的地线或保护零线上？

小型供电系统的设计题目

1. 设计时需要注意的问题

(1) 根据以下设计题目中电器的使用情况，计算用电电流的大小，选择导线截面积。了解电器的使用情况，选择满足安全用电要求的供电设备。

(2) 电器不同时使用，因此计算时总计用电量还得乘一个小于 1 的系数。该系数的取值应根据用户工作的具体情况来决定。

2. 设计题目

1) 家用供电系统

现代家庭使用的电器越来越多。电视、电脑、洗衣机、冰箱和微波炉等电器一年四季都在用电，分别用电取暖和制冷的冬夏两季已经成为家庭用电的高峰季节。设计的家用供电系统要满足全年用电需求，还要有一定的裕量，以满足购置新型的家用电器。

设计一个满足如下要求的家用供电系统：

① 设计的用户：沿海地区中等收入的三口之家。
② 区域用电特点：用电的高峰为冬夏两季的取暖和制冷。

③ 设：居住三室两厅，使用的家用电器有电视1～2台，电脑1～2台，空调2～3台，洗衣机1台，冰箱1台，微波炉1台，消毒柜1台，电饭锅及电热水壶各1台，大小照明、装饰灯具10～20只，电动助力车1台等。

2) 科研工作室的供电系统

设计一个满足如下要求的电气科研工作室的供电系统。

(1) 用电特点

① 要有单相动力电供台钻等电动工具。

② 常用电器设备的供电，要考虑接地等问题。

(2) 设计要求

供电方式必须满足以下情况：

① 工作室常用设备有：空调2台、计算机8台、扫描仪1台、打印机1台等。

② 里外间用房照明和8张工作台的照明。

③ 每个工作台常用仪器设备有：示波器、信号发生器、直流稳压电源和毫伏表等。

④ 工件加工台用电设备有：小型台钻、电钻等。

3) 电气研究所的供电系统

设计一个满足如下所述要求的电气研究所的供电系统。

(1) 用电特点

① 要有三相动力电，供三相电动工具使用。

② 常用电器设备的供电，要考虑接地等问题。

(2) 设计要求

供电方式必须满足以下情况：

① 每间工作室常用设备有：空调1台、计算机4台、扫描仪1台、打印机1台等。

② 8间用房照明和32张工作台的照明。

③ 每个工作台常用仪器设备有：示波器、信号发生器、直流稳压电源和毫伏表等。

④ 工件加工台用点设备有：小型台钻和电钻等。

小型供电系统实验实例

实例1. 低压配电系统的设计和安装

1. 实验目的

(1) 了解低压配电系统的结构及配电设备的配置方法。

(2) 学会设计和安装低压配电板的板面布置图。

(3) 学会为简单的低压配电盘配线及仪表的接线。

2. 实验仪器及设备

具体实验仪器及设备如表2.9.2所列。

表 2.9.2　实验仪器及设备

序　号	实验器材名称	规　格	数　量
1	闸刀开关	500 V 15 A	1只
2	闸刀开关	250 V 15 A	1只
3	电流互感器		3只
4	电流换相开关		1只
5	电压换相开关		1只
6	交流电压表	500 V	1只
7	交流电流表	5 A	1只
8	三相四线电度表	380 V/220 V 5 A	1只
9	单相电度表	220 V 5 A	1只
10	自制配电板		1块

3．实验步骤

（1）准备工作

① 按图 2.9.2 低压配电系统安装接线原理图检查各配电设备和仪器是否符合要求。

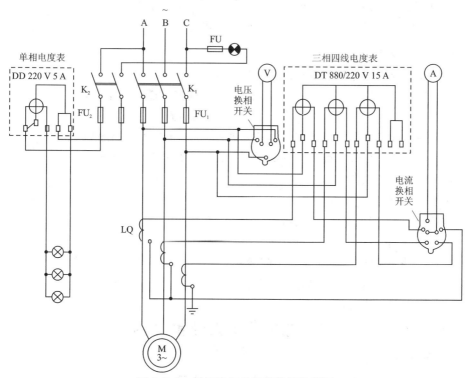

图 2.9.2　低压配电盘安装接线原理图

② 按低压配电系统安装接线原理图设计配电板的板面布置图,并按实际设备的尺寸进行画线。

(2) 设计安装工作

① 按设计好的板面布置图在配电板上安装好闸刀开关和电器。

② 连接三相主电路,即 $K_1 \rightarrow FU_1 \rightarrow LQ \rightarrow M$,然后再由 LQ 连接→三相四线电度表 DT→电流换相开关→交流电流表 A 及电压换相开关→交流电压表 V。

③ 连接单相照明电路,即 $K_2 \rightarrow FU_2 \rightarrow$ 单相电度表 DD→照明电灯。

④ 装上配电盘信号灯(或指示灯)即 FU→信号灯。

(3) 通电实验

① 经老师检查无误后,才能通电。

② 通电后配电盘信号灯亮。

③ 合上闸刀开关 K_2,观察在负荷下单相电度表铝盘转动情况。

④ 合上闸刀开关 K_1,观察电动机及三相电度表铝盘转动情况。

⑤ 转动电压、电流换相开关,观察是否进行换相。

注意事项

(1) 电流互感器的副边严禁开路运行,为了保护人身安全和保护测量仪器,副边线圈的一端应该和铁芯同时牢靠地接地。当必须从运行中的电流互感器上拆除电流表时,应首先将互感器的副线圈可靠地短接,然后再拆除仪表。

(2) 单相和三相负载必须小于仪表的额定电流值。

4. 实验报告

(1) 抄录低压配电盘上所有设备的型号规格。

(2) 根据接线原理图设计的低压配电盘板面布置图(根据配电板按一定缩比绘制)。

(3) 编写低压配电盘板面布置图的安装说明书(包括安装顺序)。

(4) 编写低压配电盘板面布置图的使用说明书(包括注意事项)。

(5) 回答思考题:

① 配电盘有何重要性?

② 简述低压配电盘的结构特点。

③ 配电板上各仪表有何作用?

④ 配电板在接线时应注意什么问题?

⑤ 电压、电流换相开关是什么开关?

(6) 写出实验体会及建议。

实例 2. 单相民用供电电路的设计和安装

1. 实验目的

(1) 熟悉单相电度表、漏电保护器的原理和使用;

(2) 了解单相电度表和漏电保护器的一般检验方法。
(3) 掌握单相民用供电设备的选择和正确使用。
(4) 掌握单相民用供电电路的组成和接线方法。
(5) 学会根据实际要求设计单相民用供电电路。
(6) 学会根据自行设计的供电安装图进行安装。

2．实验仪器及设备

具体的实验仪器及设备如表 2.9.3 所列。

表 2.9.3 实验仪器及设备

序　号	实验器材名称	数　量
1	调压变压器	1 台
2	交流电流表	1 只
3	交流毫安表	1 只
4	交流电压表	1 只
5	单相供电电路实验板	1 块

3．实验内容

单相供电电路图如图 2.9.3 所示。它的组成设备是：

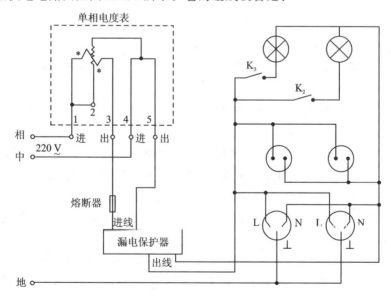

图 2.9.3 单相供电电路图

(1) 电源——220 V 单相交流电源。
(2) 电度表——用于计量用户消耗有功电能的仪表。

(3) 熔断器——用于对过载和短路起保护作用。

(4) 漏电保护器——又称触电保护器,当人身触电或电器设备对地漏电时,能自动迅速切断电源,确保人身及电器设备的安全。

(5) 开关——用于电源与用电器之间的通断控制。

(6) 插座——用于插接各种家用电器。

单相电度表的原理与结构见本实验附录中的第2部分。电度表接入电路的方法与功率表相同,如图2.9.3所示。

在供电电路中,当电器设备发生过载、短路或漏电时,对人身安全和电器设备都有危害性:

➤ 当频率为50～60 Hz的电流流经人体达到8 mA时,对人体就有危害;

➤ 当此电流达到25～30 mA时,对人体有致命的危险;

➤ 当此电流达到100 mA时,将致人死亡。

因此,一般照明电路中都装有熔断器和漏电保护器,熔断器应串接在相线电路中。漏电保护器原理与使用见本实验附录中的第3部分,漏电保护器的进线端通过熔断器接在单相电度表的出线端上,漏电保护器的出线端可接负载,具体接线方法如图2.9.8所示。

一般照明灯都通过开关来接通或断开电源,开关应串接在相线(俗称火线)中,在采用螺口灯头时,相线必须接在灯泡的顶芯上。

4. 实验步骤

1) 根据用户容量选择单相电度表和漏电保护器

了解用户用电设备及情况,计算用户用电容量。根据计算出来的容量选择单相电度表漏电保护器和导线。

2) 对漏电保护器和单相电度表进行检验

(1) 漏电保护器的试验和动作电流的测定

① 合上图2.9.4电源开关K并将调压器副边电压升到220 V,然后合上开关K_1,灯亮后按下漏电保护器的试验按钮T,检验漏电保护器能否正常工作,然后断开电源。

② 在图2.9.4的B点接上表棒,将4.7 kΩ电位器调到最大,接通电源并合上K_1。

将表棒触及到开关K_1的接线柱上,将4.7 kΩ电位器的电阻慢慢调小直到漏电保护器动作,观察毫安表的电流值。记录此时的电流值(mA),称该电流为漏电保护器的动作电流。

(2) 电度表的误差测试

合上图2.9.4电源开关K,调节调压器输出电压达220 V,改变电路中负载电流的大小(即灯盏数)。

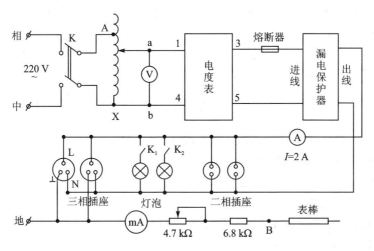

图 2.9.4 供电电路实验图

先合上 K_1，在表 2.9.4 中记录 U、I 和电度表铝盘转 10 圈所需时间 t，然后再合上 K_2，重复记录上述读数。

断开电源，计算功率 P 和电度表每千瓦小时的转数 N 和误差 γ。

表 2.9.4 电度表的误差

	U	I	N_t	t	P	N	N_H	γ
1 盏灯			10				1 200	
2 盏灯			10				1 200	

电度表误差 γ 可按下式计算：

$$\gamma = \frac{N_H - N}{N} \times 100\%$$

式中：N_H 为铭牌上所标出的每千瓦小时的转数；N 为实测时的每千瓦小时的转数。它们的单位均为 r/(kW·h)。

实测每千瓦小时转数可由下式求得

$$N = \frac{n}{Pt} = \frac{n}{UIt}$$

式中：n 为 10 转；P 为 U 和 I 的乘积，单位为 kW；t 为电度表铝盘旋转 10 转所需的时间，单位为 h。

按计算出的电度表误差，确定此表的准确度的级数。

(3) 检查电度表的潜动是否合格

① 合上电源开关 K 和负载开关 K_1 使电路进入正常工作状态后，看到电度表铝盘红色标记出现时，立即断开开关 K_1，观察电度表铝盘转动是否超过一圈，凡不超过一圈者，潜动为合格。

② 合上电源开关 K 和负载开关 K_1，当红色标记出现时断开 K 和 K_1，并将调压器副边 a 端接线断开，使调压器空载。

合上 K，并将调压器副边电压 U_{ax} 调到 180 V（即为电度表额定电压的 80％）；断开 K，再接上调压器副方接线（注意此时 K_1 和 K_2 均应断开）。再合上电源开关 K，并将调压器副边电压 U_{ax} 从 180 V 慢慢升到 240 V（即为电度表额定电压的 110％），观察铝盘的转动是否超过一圈，凡不超过一圈者为潜动合格。

3) 根据实际要求设计单相民用供电电路

单相民用供电电路的原理接线图可以参考图 2.9.4。但根据图 2.9.4 还要设计实验电路板的安装图，并编写安装说明。

4) 对设计好的单相民用供电电路进行安装

熟悉图 2.9.4 中的各个电器的使用方法和接线方法，根据单相民用供电电路的安装图和安装说明中的安装步骤进行安装。

5) 通电调试

在通电前要检查接线，并同时检查负载的开关和三相插座的安装是否符合要求。各个电器元件和接线情况都检查合格并请老师检查通过后，方可通电进行调试。

5. 实验报告

(1) 画出根据接线原理图设计的电路板面布置图（根据电路板按一定缩比绘制）。

(2) 编写电路板面布置图的安装说明书（包括安装顺序）。

(3) 编写电路板面布置图的使用说明书（包括注意事项）。

(4) 计算表格中数据，分析误差原因。

(5) 有一电度表 3 月份电表抄见数为 260 kW·h，4 月份电表抄见数为 320 kW·h，若电度表常数 N_H 为 1 200 r/(kW·h)，每度电的费用为 0.8 元，求这个月的电费和铝盘转数。

(6) 回答思考题：

① 对漏电保护器要进行哪些检验？为什么？

② 对单相电度表要进行哪些检验？为什么？

③ 简述三相插座的正确接法。如果接错会出现什么问题？

④ 图 2.9.4 中自耦变压原副边接反，会出现什么问题？

(7) 写出实验体会及建议。

附　录

1. 插座的正确接法

1) 三相插座的正确接法

电器设备通过单相或三相插座接入，三相插座的正确接法如图 2.9.5 所示，注意三相插座的地线端（⊥）必须接在电源的地线或保护零线上。

在接三相插座或插头时必须严格按国家标准规定的符号和导线颜色接线。地线（⊥）采用黄绿线，相线（L）采用棕色线，中线（N）采用蓝色线，不可接错。

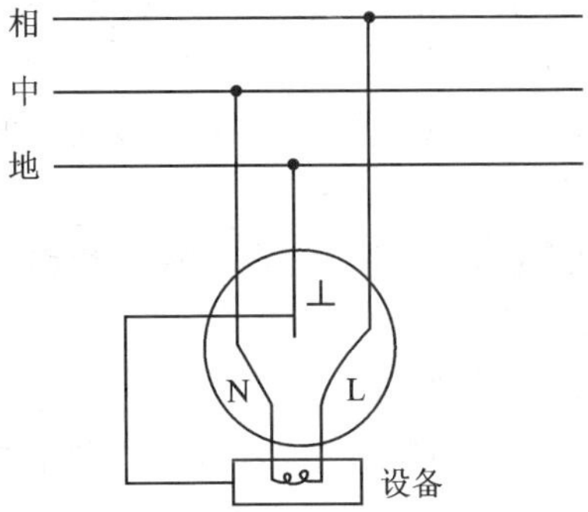

2) 思考题

（1）图2.9.5中若三相插座的地线端（⊥）与中线（N）相连，可以吗？为什么？

（2）若图2.9.5中设备不接地，会有什么问题？

（3）若地线（⊥）和中线（N）搞反了，会有什么问题？

图 2.9.5　三相插座的接法

2. DD28—2型单相电度表

1) 电度表的结构

电度表（俗称火表）也叫做瓦时计，是专门测量交流电能的仪表。

交流单相电度表的结构示意图如图2.9.6所示，主要由以下几个部分组成：

① 驱动元件。此元件产生转矩。它是绕在两个铁芯上的两线圈，其中电流线圈导线粗而匝数少与负载串联，电压线圈的导线细而匝数多与负载并联，如图2.9.6中

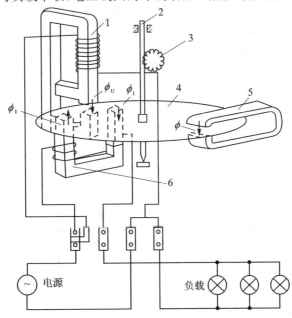

1—电压线圈；2—转轴；3—蜗轮和蜗杆；4—铝盘；5—永久磁铁；6—电流线圈

图 2.9.6　单相电度表结构示意图

1 和 6 所示。

② 转动元件。为两个铁芯气隙中放置的一个可以旋转的铝盘和转轴,如图 2.9.6 中 4 和 2 所示。

③ 积算机构。为安装在转轴上的蜗轮和蜗杆,如图 2.9.6 中 3 所示,以及计数器等。

④ 制动元件。为永久磁铁和铝盘,由图 2.9.6 中 5 和 4 等组成。此外,还有轴承、支架及接线盒等。

2) 工作原理

当电度表接入电路后,流过两个线圈的电流分别产生交变磁通 ϕ_1 和 ϕ_2,两个磁通穿过铝盘时在铝盘上产生感应电流(即涡流),磁通 ϕ_1 和 ϕ_2 分别再和涡流相互作用,产生转动力矩,使铝盘转动。转动力矩 T_1 可表示为

$$T_1 = K_1 UI \cos \phi = K_1 P$$

该式表明转动力矩与负载消耗的有功功率成正比。

当铝盘转动时,还通过永久磁铁的气隙并切割磁力线,在铝盘中产生感应电流。该感应电流与永久磁铁的磁通相互作用产生制动力矩 T_2,T_2 与铝盘的转速 n 成正比,即

$$T_2 = K_2 n$$

两个力矩相平衡时,铝盘等速旋转,这时 $T_1 = T_2$,即 $K_1 P = K_2 n$。有

$$n = (K_1/K_2)P = N_H P$$

表示铝盘的转速与负载的功率成正比。式中,比例常数 N_H 表示单位电功率所对应的转速,又称为电度表常数,其单位为 r/(kW·h)。因此在某一时间内负载所消耗的电能(kW·h)为

$$W = \int_0^t P \, dt = \int_0^t (1/N_H) n \, dt = (1/N_H) N_t$$

式中: $N_t = \int_0^t n \, dt$,为 t 时间内铝盘的累计转数。

3) 电度表的使用和主要技术性能

(1) 使用方法

电度表的使用方法接线如图 2.9.7 所示。为了便于安装接线和不会反转,电压线圈和电流线圈的"＊"号端在出厂时已连好,并有专门接线盒,使用时应将电流线圈接于相线,不准接于中线。

要正确选用量程,电度表的额定电压应与负载的额定电压相等,电度表的额定电流要大于或等于负载的额定

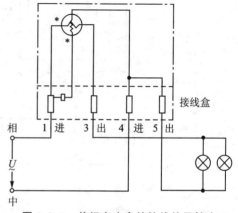

图 2.9.7 单相电度表的接线的灵敏度

电流。

(2) 技术性能

电度表的技术特性在国家标准中均有规定,包括准确度、灵敏度和潜动等。

① 准确度等级:分 1.0 级和 2.0 级两种。

② 灵敏度:在额定电压、额定频率和 $\cos\phi=1$ 的条件下,负载电流从零开始均匀增加,直到铝盘开始转动,此时最小转动电流与电度表上标定的额定电流的百分比就称为电度表的灵敏度。

③ 潜动:是指电度表无载自转。线路电压从额定电压的 80%～110% 时,铝盘的转动不应超过一圈。

4) 思考题

① 电度表是测量什么参数的仪表?简述其原理。

② 何为电度表的灵敏度?灵敏度大好还是小好?

③ 何为电度表的准确度?准确度有几个等级?哪个等级最好?

④ 何为电度表的潜动?合格的电度表应有多大的潜动?

3. 漏电保护器

1) 漏电保护器的工作原理

漏电保护器又称触电保安器、漏电自动开关和漏电断路器等,是一种在负载端相线与地线之间发生漏电或由于人体接触相线而发生单线触电事故时,能自动在瞬间断开电路,从而对电器设备及人身安全起到保护作用的电器。

图 2.9.8 是 DLB1—20 型漏电保护器结构示意图,它是一种电子脱扣型单相漏电自动开关。漏电保护器的结构是在塑料外壳断路器中增加一个能检测漏电电流的检测元件(零序电流互感器)。在正常运行时,穿过互感器铁芯窗孔中的两条导线通过的电流 I_L 与 I_N 大小相等方向相反,互感器铁芯中合成磁通为零,互感器的二次绕组中没有感应电势输出,电子漏电脱扣器 T 不动作,开关保持接通状态。当发生用电器绝缘损坏或人体触电时,在负载的相线与"地"之间就产生漏电流 I_{LC},对原来的用电器负载电路形成分路,使通过互感器铁芯窗孔的中线电流 I_N 减小,造成相线与中线电流不相等,互感器的二次绕组中

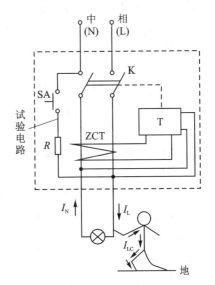

图 2.9.8 漏电保护器结构示意图

感应出零序电势,经过电子漏电脱扣器放大后使脱扣器动作,开关立即断开。

线路中的电阻 R 和按钮 SA 是用来检验漏电保护器动作可靠性的。当按下按钮时,电阻 R 被跨接在负载相线与电源中线之间,形成一个模拟的漏电通路,产生一个模拟漏电流,使自动开关断开。

漏电保护器有多种结构形式:根据其极数,分成二极、三极和四极等几种,二极保护器用于单相供电电路,三极保护器用于三相三线制供电电路(三相对称负载无中线),四极保护器用于三相四线制供电电路(三相不对称负载);根据其脱扣方式,分电子脱扣及电磁脱扣两种,前者适用于漏电动作电流小的场合,后者适用于漏电动作电流大的场合。

2) 漏电保护器的选择与使用原理

(1) 选择方法

① 根据使用场合选择开关极数。

② 根据负载容量选择开关的额定工作电压及额定电流。

③ 根据负载要求确定漏电保护器是否要带有过载保护或短路保护。若需要过载保护,应根据负载额定电流确定过载脱扣器的电流规格。

④ 根据漏电保护器保护目的确定额定漏电流动作电流:若用于人身保护,应选用 30 mA 或 30 mA 以下的保护器;若用在地下、高空、水下或金属容器内,或该用电器为医疗器械等特殊使用场合,应选用 15 mA 或 10 mA 的漏电保护器;若保护目的是保安防火,可选用 50 mA、75 mA、100 mA 的漏电保护器。其动作电流的数值主要根据被保护线路的长短来确定。

通常规定漏电保护器的额定漏电不动作电流为额定漏电动作电流的 0.5 倍,确定此技术指标的目的是保证负载正常泄漏电流的情况下,不致引起开关的误动作。

(2) 使用方法

① 正确选用漏电保护器,使其极数、额定工作电流、过载保护电流、额定漏电动作电流必须与被保护的用电设备要求相配合,否则不起保护作用。

② 漏电保护器在新安装后或运行中每隔 15~30 天,须在合闸通电状态下按动检验按钮,检查保护器是否可靠分闸(规定的漏电动作时间≤0.1 s)。若动作不正常,应停止使用该保护器,并立即更换。检验时按钮不能长期按住不放,并且两次操作的间隔时间必须在 10 s 以上,以防止分路电阻烧坏。

③ 被漏电保护器保护的用电设备,其外壳接地线应与保护接地线或保护零线相接,不能与负载端的工作零线相接。

④ 在使用中若漏电保护器动作,应查明故障并排除后,再合上保护器。

3) 思考题

(1) 漏电保护器是一种什么样的设备?不用它行吗?

(2) 漏电保护器有哪些类型?如何选择?

(3) 若用于人身保护,应选用什么样的漏电保护器?

(4) 若用于医疗器械等特殊使用场合,应选用什么样的漏电保护器?

(5) 为什么规定额定漏电不动作电流为额定漏电动作电流的 0.5 倍?

(6) 检验漏电保护器时,按住按钮时间过长会发生什么问题?

(7) 漏电保护器动作以后能自动恢复吗?

(8) 为什么被漏电保护器保护的用电设备的外壳不能与负载端的工作零线相接?

实验十 三相异步电动机 PLC 控制系统

实验目的

（1）了解可编程序控制器 PLC 的基本原理及控制功能。
（2）学习可编程序控制器的接线方法。
（3）了解可编程序控制器的基本指令和基本编程方法。
（4）学会用编程器写入、增删、修改程序的操作方式。
（5）学习用 PLC 构成异步电动机正反转控制电路。
（6）了解行程开关的结构及其在控制电路中的应用。
（7）通过实验掌握行程控制电路的工作原理。
（8）了解如何用 PLC 构成行程开关控制电路并接线、输入程序运行。
（9）了解时间继电器等电器的工作原理及其延时整定的方法。
（10）通过实验理解 Y-△换接启动控制的工作原理。
（11）了解如何用 PLC 构成 Y-△换接的控制电路，并接线、输入程序运行。

实验仪器及设备

具体的实验仪器及设备如表 2.10.1 所列。

表 2.10.1 实验仪器及设备

序 号	实验器材名称	型号及规格	数 量
1	三相异步电动机	Y601-4,0.55 kW	1 台
2	PLC	三菱的 FX_2	1 台
3	便携式编程器	FX—20P	1 块
4	万用表	MF—30	1 块
5	交流接触器	CJ—10,线圈电压 220 V	2 只
6	热继电器	JS7—3A	1 只
7	按钮	LA	3 只
8	行程开关		2 只
9	时间继电器		1 只
10	控制电路实验板	自制	1 块
11	单根导线		数根

预习要求

(1) 阅读本实验附录中的第 1 部分,了解 PLC 结构原理、编程器的使用及编制程序的方法。

(2) 复习异步电动机正反转控制电路的工作原理。

(3) 读懂本实验图 2.10.1 所示用 PLC 控制系统组成的异步电动机正反转控制电路。

(4) 复习与本实验有关的电器,了解这些电器的结构及其在控制电路中的应用。

(5) 阅读本实验附录中的第 2 部分,了解行程开关和时间继电器的基本工作原理及使用方法。

(6) 复习行程控制和时间控制开关的工作原理。

(7) 读懂本实验图 2.10.2 所示电动机行程控制线路和主电路。

(8) 完成 PLC 行程控制系统接线图。

(9) 读懂本实验图 2.10.3 所示电动机 Y-△ 启动控制线路和主电路。

(10) 完成 PLC Y-△ 换接启动控制系统的接线图。

(11) 回答下列问题:

① 简述 PLC 结构和原理。

② 简述编程器的使用原理。

③ 简述行程开关的原理。

④ 简述时间继电器的原理。

⑤ 用 PLC 控制系统组成的异步电动机正反转控制电路与传统控制电路有何不同?

⑥ 程序如何写入、增删及修改?

⑦ 在 PLC 控制中能用什么来代替时间继电器 KT?

⑧ 在 PLC 控制中能用什么来代替行程开关?

(12) 认真阅读以下实验注意事项:

① 本次实验电压均在 220~380 V,要求同学们在实验中接拆线时,一定要严格按操作规程操作,即:接线完毕,检查无误后,方可通电;做完实验,首先断开电源,再拆线。

② 实验接线完成后,必须经教师复查,方可送电。

③ 在进行电动机实验时,切勿在短时间内频繁操作,以避免电动机的频繁启动。

④ 电动机的转速很高,启动前要检查其周围有无杂物,启动后切勿触碰其转动部分,以免发生人身或设备事故。

实验原理

1. 用 PLC 控制器构成异步电动机正反转控制电路

1) 正反转继电接触控制系统电路图

该电路图如图 2.10.1 所示。

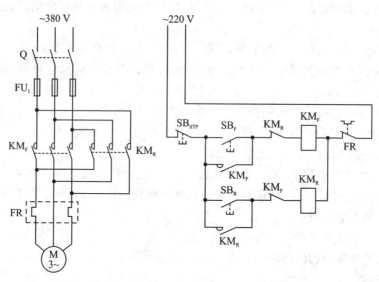

图 2.10.1 正反转继电接触控制系统电路图

2) 正反转 PLC 控制系统接线图

本系统属于由 PLC 构成的单机控制系统,它是一个四输入、两输出、I/O 点数为六的开关量逻辑控制系统。其构成如图 2.10.2 所示,图中的工作电源是专为 PLC 设计的,供 I/O 端口使用直流 24 V 供电电源。

3) PLC 控制器的 I/O 分配

该系统使用三菱的 FX_2 型 PLC 作为系统控制器,其 I/O 分配情况如表 2.10.2 所列。

表 2.10.2 I/O 分配情况

输 入	控制设备	输 出	驱动设备
X0	正转启动按钮 SB_F	Y0	正向交流接触器 KM_F
X1	反转启动按钮 SB_R	Y1	反向交流接触器 KM_R
X2	停止按钮 SB_{STP}		
X3	热继电器 FR		

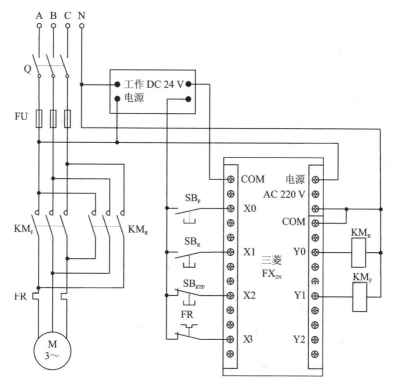

图 2.10.2 正反转 PLC 控制系统接线图

4) 正反转 PLC 控制系统梯形图

该系统梯形图如图 2.10.3 所示。

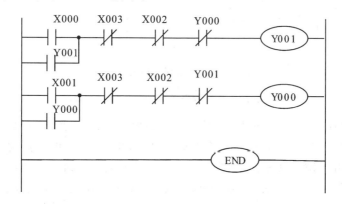

图 2.10.3 正反转 PLC 控制系统梯形图

5) 正反转 PLC 控制系统程序语句表

0 LD　X000;　　5 OUT　Y001;　　9 ANI　X002;
1 OR　Y001;　　6 LD　X001;　　10 ANI　Y001;

```
2  ANI  X003;     7  OR   Y000;   11  OUT  Y000;
3  ANI  X002;     8  ANI  X003;   12  END
4  ANI  Y000;
```

2. 行程控制

1) 继电接触行程控制系统

在图 2.10.4(a)中,工作台由电动机 M 驱动,行程开关 ST_a 和 ST_b 分别装在工作台的原位和终点。当工作台行进至两端时,装在工作台上的挡板会撞动行程开关,改变电动机的运转方向,控制工作台作往返运动。

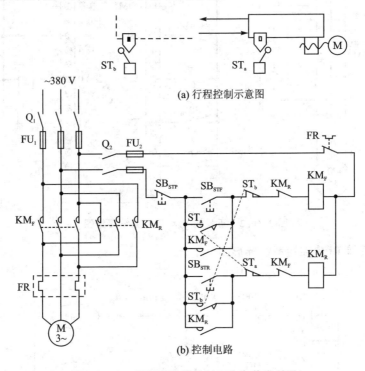

图 2.10.4　用行程开关控制工作台前进后退

控制电路如图 2.10.4(b)所示,当工作台在原位时,其上挡块将原位行程开关压下,ST_a 的常开触点闭合,此时只要合上电源开关,接触器 KM_F 线圈通电,电动机正转,工作台前进。挡块离开后,ST_a 自动复位。当工作台移到预定位置时,挡块撞击 ST_b,其触点状态改变,使 KM_F 线圈断电,KM_R 线圈通电,于是电动机反转,工作台向后退。挡块离开后,ST_b 自动复位。当工作台退到原位时,挡块撞击 ST_a 使 KM_R 线圈断电,KM_F 线圈通电,电动机又正转。工作台就这样往返运动,直到按停止按钮 SB_{STP} 为止。若通电前工作台不在原位,合上电源开关后,要再按下 SB_{STF} 或 SB_{STR},方能启动该装置运行。

调整两个行程开关 ST_a 和 ST_b 的距离,就可改变工作台行程。

如果由于某种原因(如触点因烧灼焊住),挡块压下时,行程开关不动作,即工作台到达预定位置时,还继续向前(或后退),这样就有可能超出极限位置而造成事故。为此可在线路中再增加两个行程开关 ST_c 和 ST_d,分别串联在 KM_F、KM_R 线圈支路中,作为极限保护。ST_c 和 ST_d 应安装在极限位置,如果 ST_a 或 ST_b 发生故障,ST_c 或 ST_d 便可起作用。

2) PLC 控制器的 I/O 分配

该系统使用三菱的 FX_2 型 PLC 作为系统控制器,其 I/O 分配情况如表 2.10.3 所列。

表 2.10.3 I/O 分配情况

输入	控制设备	输出	驱动设备
X0	正转启动按钮 SB_F	Y0	正向交流接触器 KM_F
X1	反转启动按钮 SB_R	Y1	反向交流接触器 KM_R
X2	停止按钮 SB_{STP}		
X3	热继电器 FR		
X4	正转限位开关		
X5	反转限位开关		

3) PLC 行程控制系统梯形图

该系统控制梯形图如图 2.10.5 所示。

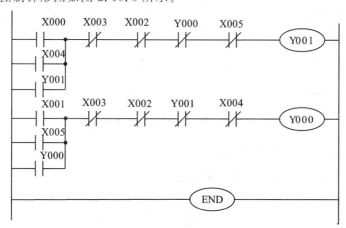

图 2.10.5 PLC 行程控制系统梯形图

4) PLC 行程控制系统程序语句表

0 LD X000; 6 ANI X005; 12 ANI X002;

1	OR	X004;	7	OUT	Y001;	13	ANI	Y001;
2	OR	Y001;	8	LD	X001;	14	ANI	X004;
3	ANI	X003;	9	OR	X005;	15	OUT	Y000;
4	ANI	X002;	10	OR	Y000;	16	END	
5	ANI	Y000;	11	ANI	X003;			

5) PLC 行程控制系统接线图

图 2.10.6 是一幅未完成的接线图,请根据前后内容来完成它。

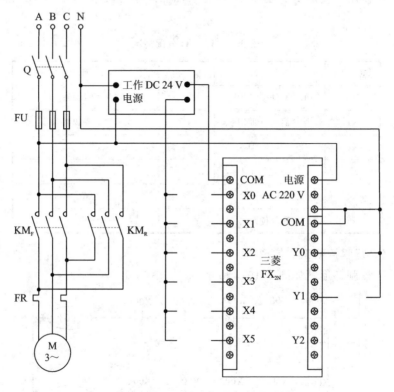

图 2.10.6 PLC 行程控制系统接线图

3. 电动机 Y-△启动控制

1) 继电接触 Y-△换接启动控制系统

大容量的异步电动机启动时要采取降压措施,降低启动电流,以减少对供电系统的影响。Y-△启动是常用的一种启动方法,适用于在正常运行时定子绕组是三角形接法的电动机。启动时,先把定子绕组接成 Y 形,待转速达到一定程度时,再改接成△形。这样一来,启动电流可以降低到直接启动的 1/3,但启动转矩也减小到直接启动时的 1/3,因此应当空载或轻载启动。

本实验采用 Y-△换接控制电路如图 2.10.7 所示。控制电路的动作次序如下:
① 合上电源开关 Q_1、Q_2;按下启动按钮 SB_2,接触器 KM、KM_Y 和时间继电器

KT 的线圈同时得电;KM、KM$_Y$ 的主触点闭合;同时,接触器 KM$_\triangle$ 线圈的电路不通,电动机的定子绕组为 Y 形连接开始启动。时间继电器 KT 开始工作(时间的长短根据电动机容量和负载情况来调节)。

② 待时间继电器 KT 的延时结束,KT′触点断开,KM$_Y$ 线圈断电;联锁常闭触点 KM$_Y$ 合上;KT″触点合上,此时 KM、KM$_\triangle$ 的主触点闭合,接触器 KM$_Y$ 线圈的电路不通;电动机的定子绕组为△形连接。至此,完成了定子绕组从 Y 形连接变成△形连接的转换。

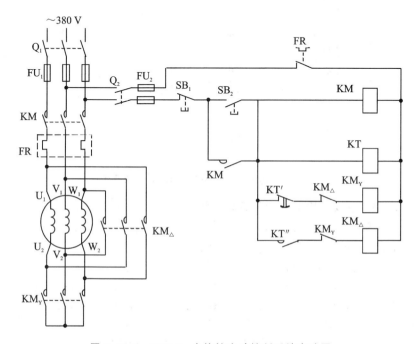

图 2.10.7 PLC Y-△换接启动控制系统电路图

2) PLC 控制器的 I/O 分配

该系统使用三菱的 FX$_2$ 型 PLC 作为系统控制器,其 I/O 分配情况如表 2.10.4 所列。

表 2.10.4 I/O 分配情况

输 入	控制设备	输 出	驱动设备
X0	启动按钮 SB$_1$	Y0	交流接触器 KM
X1	停止按钮 SB$_2$	Y1	定时器 KT
X2	热继电器 FR	Y2	交流接触器 KM$_Y$
		Y3	交流接触器 KM$_\triangle$

3) PLC Y-△换接启动控制系统梯形图

该系统梯形图如图 2.10.8 所示。

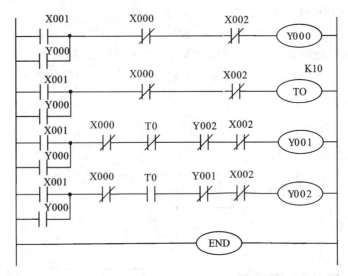

图 2.10.8　PLC Y-△换接启动控制系统梯形图

4) PLC Y-△换接启动控制系统程序语句表

0	LD	X001;	9	OUT	T0;	18	LD	X001;
1	OR	Y000;	10	K	10;	19	OR	Y000;
2	ANI	X000;	11	LD	X001;	20	ANI	X000;
3	ANI	X002;	12	OR	Y000;	21	AND	T0;
4	OUT	Y000;	13	ANI	X000;	22	ANI	Y001;
5	LD	X001;	14	ANI	T0;	23	ANI	X002;
6	OR	Y000;	15	ANI	Y002;	24	OUT	Y002;
7	ANI	X000;	16	ANI	X002;	25	END	
8	ANI	X002;	17	OUT	Y001;			

5) PLC Y-△换接启动控制系统的接线图

图 2.10.9 是一幅未完成的接线图,请根据前后内容来完成它。

提示:Y-△启动控制中使用了时间继电器 KT,在 PLC 控制中使用的是定时器。

实验内容

1. 用 PLC 控制器构成异步电动机正反转控制电路

(1) 按图 2.10.2 把异步电动机的主回路连接好。

(2) 按图 2.10.2 把 PLC 的输入、输出点(I/O)与输入、输出设备相连。

(3) 用编程器将正反转控制语句表输入到 PLC 中。

(4) 经检查无误后试车操作,验证 PLC 正反转控制系统程序。

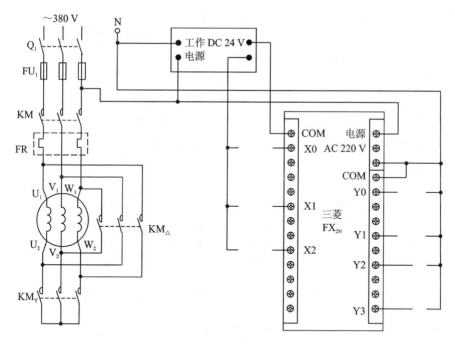

图 2.10.9　PLC Y-△换接启动控制系统的接线图

2. 行程控制实验

(1) 观察并熟悉行程开关的结构及工作状态。

(2) 按实验图 2.10.4(b)连接电路,检查无误,并经老师复查后,方可通电。按下启动按钮,观察该电路(控制电路和主电路)的工作情况。

(3) 保持以上工作状态,当电动机在正转前进时,用手按下终点行程开关,观察电动机工作状态的变化。当电动机在反转后退时,再用手按下终点行程开关,观察电动机工作状态。

(4) 此项实验完毕,先拉开电源开关,再拆线。

(5) 按预习时完成的 PLC 行程控制系统接线图接线。

(6) 用编程器将 PLC 行程控制语句表输入到 PLC 中。

(7) 经检查无误后试车操作,验证 PLC 行程控制系统程序。

3. 三相异步电动机 Y-△启动

(1) 观察时间继电器的结构及工作状态,找到其线圈接线端和延时触点的接线端。

(2) 按图 2.10.7 连接电动机 Y-△启动控制线路和主电路,并经教师检查后,方可通电。启动该电动机工作并观察。

提示:为避免或减少接线错误,应注意接线顺序。先接主电路,后接控制电路。对控制电路部分,首先将接触器 KM、KM$_Y$、KM$_△$ 和时间继电器 KT 四个线圈的一端连接于一个公共点,再将每个支路按从左到右的顺序连接。

（3）用手表测定电动机从 Y 形启动到转换成△形的时间,调节时间继电器的进气孔隙的大小。以上过程要重复几次方能调定。

（4）实验完毕,先断开电源开关,再拆线。

（5）按预习时完成的 PLC Y-△换接启动控制系统接线图接线。

（6）用编程器将 PLC Y-△换接启动控制语句表输入到 PLC 中。

（7）经检查无误后试车操作,验证 PLC Y-△换接启动控制系统程序。

思考题

（1）本实验的目的是什么？

（2）本实验中可编程序控制器的电源电压值是多少？

（3）本实验中可编程序控制器的输入端信号电压值是多少？

（4）在进行编程操作前,应将编程器上钥匙开关指向什么地方？

（5）输入端信号为直流 24 V,若外界电压值±10% 变化,对输入端口工作有无影响？为什么？

（6）PLC 控制系统接线操作时要注意什么问题？

（7）在 Y-△换接启动控制系统要保证电动机安全运行需要注意什么问题？

（8）在正反转控制电路中加上两个复合行程开关就形成本实验的行程控制系统。用两个复合行程开关,电路的功能是什么？若用两个普通的行程开关,电路的功能又是什么？

实验报告要求

（1）说明实验图 2.10.7 所示电动机 Y-△启动控制中,各电器的动作顺序。

（2）说明实验图 2.10.4 所示电动机行程控制中,各电器的动作顺序。并分析说明实验内容"2. 行程控制实验"中第(3)的实验现象。

（3）根据实验体会,总结用 PLC 实现控制一般需要经过哪几个步骤？

（4）试比较继电接触控制系统与 PLC 控制系统有哪些相似及不同之处。

（5）PLC 控制系统最大的好处是什么？只有 PLC 能否控制电动机运行？

（6）通过本次实验你的收获是什么？并提出改进意见。

附　　录

1. 可编程序控制器 PLC 简介

1）PLC 原理和结构

PLC 是基于电子计算机,且适用于工业现场工作的电控制器。它源于继电控制装置,但它不像继电装置那样,通过电路的物理过程实现控制,而主要靠运行存储于 PLC 内存中的程序,进行入出信息变换实现控制。

可编程序控制器是专为工业环境应用而设计制造的计算机,它具有丰富的输入/输出接口,并且具有较强的驱动能力。但是可编程序控制器产品并不针对某一具体工业应用,在实际应用时,其硬件需根据实际需要进行选用配置,其软件则需根据控制要求进行设计编制。

简单地说,PLC 实现控制的过程一般是:输入采样→程序执行→输出刷新→再输入采样→再程序执行→再输出刷新……永不停止地、循环反复地进行着。首先,输入锁存器将输入端子的状态锁存,系统程序执行输入采样过程,机器自动将输入锁存器的内容存入输入状态寄存器;然后,当用户程序运行时,机器按程序需要读入输入/输出状态寄存器的内容,程序运行结果写入输出状态寄存器;最后,系统程序执行输出刷新过程,机器自动将输出状态寄存器的内容存入输出锁存器,输出锁存器再将此结果传到输出端子;即完成一个工作周期。其过程如图 2.10.10 所示。

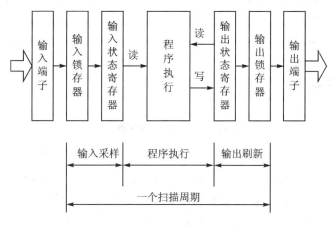

图 2.10.10　PLC 实现控制的过程图

概括地讲,PLC 的工作方式是一个不断循环的顺序扫描过程。每一次扫描所用的时间称为扫描时间,也可称为扫描周期或工作周期。

PLC 的整机是由主机和外围设备组成。主机包括电源、CPU、存储器、I/O 系统和通信及其他外围设备接口;外围设备包括编程器、扩展功能接口、外挂存储器、打印机、网络通信设备。其硬件组成如图 2.10.11 所示。

PLC 按结构分,可分为箱体式及模块式两大类。微型机、小型机多为箱体式的,但从发展趋势看,小型机也逐渐发展成模块式的了。

箱体式 PLC 的系统集成度高,结构较为紧凑,常用在一些控制较为简单的中、小型工业系统中,例如机床、电梯和食品包装机等的顺序控制。由于它有易于编程、系统组成方便、价格便宜的特点,被广泛应用于小型工业系统自动化改造和机械设备的程序化控制。其使用方法正在被越来越多的、非电专业的工程技术人员所掌握。但是,箱体式 PLC 也有不足之处,比如功能较为简单,控制水平较低,系统构成不灵活等。

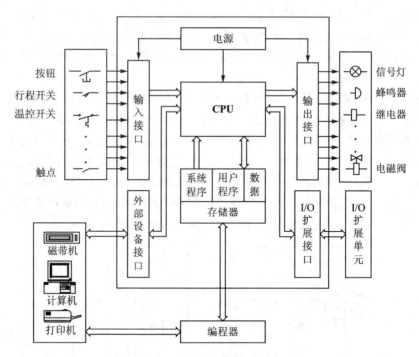

图 2.10.11　PLC 硬件组成图

模块式的 PLC 的系统构成灵活,功能多样化,常用在一些控制较为复杂的工业系统,如冶金、化工等行业的生产流水线的自动控制。由于它有系统组成灵活、控制功能全面、组合功能强的特点,主要应用于工业生产自动化,以及生产工艺流程的综合控制。但模块式的 PLC 的结构较为复杂,系统组成和应用程序的编制过于专业化,通常只有专业的电气人员才能用好它。

2) 三菱 FX_{2N} PLC 硬件设备介绍

该型号 PLC,就其结构而言,属于箱体式 PLC。也就是说,它的工作电源、通信接口、基本输出/输入接口,均集成在主机箱体内。只要将工作电源和外围设备的连接线,按要求接到主机的外端子上即可。其结构如图 2.10.12 所示。

3) FX—20P 型便携式编程器

由于 PLC 采用不同于一般计算机的编程语言——梯形图编制用户程序,因此必须采用专门的编程工具将用户程序写入 PLC 的用户程序存储器中,这种编程工具称作为编程器。一般来说,编程器分成二类:一类是便携式编程器;另一类是带 CRT 或大屏幕液晶显示的编程器。便携式编程器具有体积小、质量轻、价格低等特点,广泛用于小型 PLC 的用户程序编制和各种 PLC 的现场调试和监控。例如日本三菱公司的 FX—20P 型便携式编程器就是其中的一种,它主要用于该公司的 FX 系列 PLC 的用户程序编制和监控。

FX—20P 型便携式编程器的硬件主要包括以下几个部件:

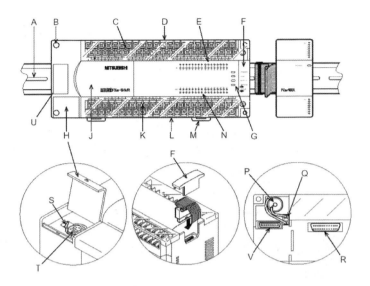

A—35 mm 宽 DIN 导轨；
B—安装孔 4 个(g4.5)；
C—输入口装卸式端子台盖板；
D—输入装卸式端子台；
（电源、辅助电源、输入信号用）；
E—输入指示灯；
F—扩展单元、扩展模块、特殊单元、
特殊模块、接线插座盖板；
G—动作指示灯
POWER:电源指示
RUN:运行指示灯
BATT.V:电池电压下降指示
PROG-E:出错指示灯闪烁（程序出错）
CPU-E:出错指示灯亮（CPU 出错）

H—外围设备接线插座、盖板；
J—面板盖；
K—输出口装卸式端子台盖板；
L—输出用的装卸式端子台；
M—DIN 导轨装置用卡子；
N—输出动作指示灯
P—锂电池(F2—40BL,标准装备)；
Q—锂电池连接插座；
R—另选存储器滤波器安装插座；
S—内置 RUN/STOP 开关；
T—编程设备,数据存储单元接线插座；
U—功能扩展板接口盖板；
V—功能扩展板安装插座

图 2.10.12 三菱 FX_{2N} PLC 结构图

FX—20P—E 型编程器：①FX—20P—RWM 型 ROM 写入器；②FX—20P—CAB 编程电缆；③手操器；④FX—20P—ADP 型电源适配器；⑤FX—20P—E—FKIT 型接口；⑥用户程序卡；⑦系统程序卡。部分硬件示意图如图 2.10.13 所示。

FX—20P—E 型编程器的面板布置如图 2.10.14 所示。面板的上方是一个 16×4 个字符的液晶显示器。它的下面共有 35 个键,分成 7 行 5 列排列,第 1 行和第 5 列为 11 个功能键,其余的 24 个键分别为指令键和数字键。在编程器右侧面的上方有一个插座,将 FX—20P—CAB 电缆的一端插入该插座内,电缆的另一端插入 FX 系列 PLC 的 RS—422 插座内。FX—20P—E 型编程器内附有 8 KB 的 RAM,当该编程器处在离线方式编程时,用户程序被存放在该 RAM 内。编程器内还附有高性能的电容,编程器通电一小时后,即使编程器被断电,在该电容的支持下,RAM 内的用户程序可以被保留三天。

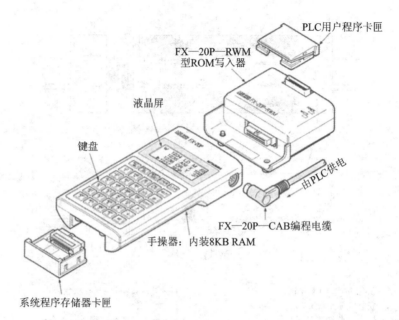

图 2.10.13　FX—20P 型便携式编程器部分硬件示意图

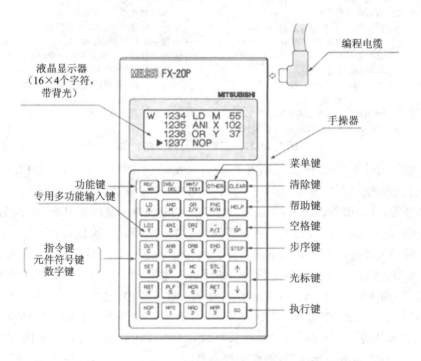

图 2.10.14　FX—20P 型便携式编程器键盘示意图

FX—20P—E 型编程器的顶部有一个插座，可以连接 FX—20P—RWM 型 ROM 写入器，它的底部插有系统程序存储器卡匣。当该编程器的系统程序更新时，只要更换系统程序存储器即可。

4）PLC 编程语言——梯形图

PLC 的显著特点之一是其编程语言简单易学。由于早期的 PLC 主要用于替代继电器控制装置，为了有利于推广这一新型工业控制装置，它的编程语言吸取了广大电气工程技术人员最为熟悉的继电器线路图的特点，形成了其特有的编程语言——梯形图。

虽然梯形图是一种采用常开触点、常闭触点、线圈和功能块等构成的图形语言，类似于继电器线路图，直观易懂。但是用它编程时必须使用图示编程器（如专用大屏幕 LCD、个人计算机），并配以相应的软件，才能将梯形图直接送入 PLC。若使用手持式简易编程器，则必须将梯形图转为语句表方可输入，而不同公司生产的 PLC 所使用的语句表助记符所表示的功能含义均有所不同。表 2.10.5 是三菱公司的 FX 系列 PLC 所使用的基本逻辑语言的语句指令与梯形图的对照表，为方便理解和使用这些基本逻辑指令，特采用解释示范程序的方法，即对每一个梯形指令行，用文字描述其虚拟动作过程，来介绍指令的功能和常规用法（分别如表 2.10.6 和表 2.10.7 所列）。

2．行程开关和时间继电器的结构和工作原理

1）行程开关

行程开关实际上是一种继电器，它是以生产机械的行程或位置为信号而进行控制的电器。常用的触点式行程开关分直线式和转动式两种。直线式行程开关类似于按钮，如图 2.10.15 所示。

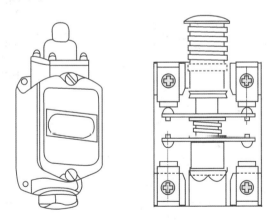

图 2.10.15　直线式行程开关

转动式（或称滚轮式）行程开关又可分为单滚轮式（可自动复位）和双滚轮式（不能自动复位）两种，它们主要由伸在外面的滚轮、传动杠杆和触点等组成。

表 2.10.5　语句指令与梯形图的对照表

符号名称	功　能	电路表示和目标元件	符号名称	功　能	电路表示和目标元件
LD 取	运算开始 a 接点	─┤├──○ XYMSTC	RST 复位	保持解除线圈指令	─┤├─[RST YMSTCD]
LDI 取反	运算开始 b 接点	─┤/├──○ XYMSTC	PLS 脉冲	上升沿脉冲触发	─┤├─[PLS YM]
AND 与	串行连接 a 接点	─┤├─┤├──○ XYMSTC	PLF 脉冲	下降沿脉冲触发	─┤├─[PLF YM]
ANI 与非	串行连接 b 接点	─┤├─┤/├──○ XYMSTC	MC 主控	母线分支控制	─┤├─[MC N YM]
OR 或	并行连接 a 接点	XYMSTC	MCR 主控复位	母线分支控制解除	─[MRC N]─
ORI 或非	并行连接 b 接点	XYMSTC	MPS 进栈	运算存储	
ANB 电路块与	块间串行连接		MRD 读栈	读出存储	MPS ─┤├── MRD ─┤├── MPP ─┤├──
ORB 电路块或	块间并行连接		MPP 出栈	读出存储并复位	
OUT 输出	线圈驱动指令	─┤├──(YMSTC)	NOP 无	空操作	程序清除或空格键
SET 置位	动作保持线圈指令	─┤├─[SET YMS]	END 结束	程序结束	程序结束,返回 0 步

表 2.10.6　LD、LDI、AND、ANI、OR、ORI、OUT、END 等指令的应用

语句表			梯形图
0	LD	X000	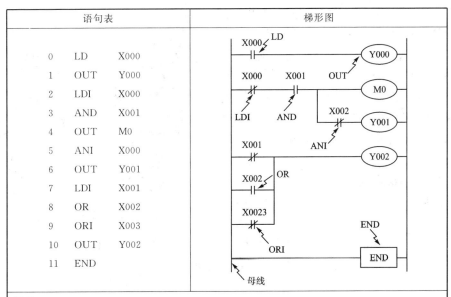
1	OUT	Y000	
2	LDI	X000	
3	AND	X001	
4	OUT	M0	
5	ANI	X000	
6	OUT	Y001	
7	LDI	X001	
8	OR	X002	
9	ORI	X003	
10	OUT	Y002	
11	END		

说明：
① 输入 X000 为 ON 时，驱动输出 Y000。
② 输入 X000 为 OFF 时，输入为 X001 为 ON 时，驱动辅助继电器 M_0。在驱动 M_0 的状态下，输入 X002 为 OFF 时，可以操作输出 Y001。
③ 输入 X001 为 OFF 或输入 X002 为 ON 或者输入 X003 为 OFF 时，驱动输出 Y002。

表 2.10.7　ANB、ORB 等指令的应用

语句表			梯形图
0	LD	X000	
1	OR	X001	
2	LD	X002	
3	OR	X003	
4	ANB		
5	OUT	Y000	
6	LD	X004	
7	AND	X005	
8	LD	X006	
9	ANDI	X007	
10	ORB		
11	OUT	Y001	
12	END		

说明：
① 输入 X000 或输入 X001 为 ON 时，输入 X002 或输入 X003 为 ON 时，输入 Y000 被驱动。
② 输入 X004 和 X005 或输入 X006 和 X007 为 ON 时，输出 Y001 被驱动。这样，"ANB"为串行连接并行电路块，而"ORB"为并行连接串行电路块的指令。

图 2.10.16 所示是单滚轮式行程开关的外形图。当运动部件上的挡块与行程开关上的滚轮相撞时,滚轮被压下,并经传动杠杆传动,使行程开关内部触点迅速切换(触点状态改变)。当挡块移去后,单滚轮式行程开关的触点自动复位,双滚轮式行程开关的触点却不能自动复位,必须依靠挡块反方向移动,再撞击另一滚轮才能使触点复位。

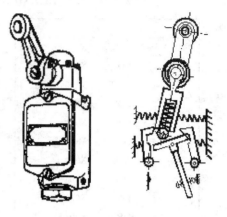

图 2.10.16　单滚轮式行程开关

2) 时间继电器

时间继电器是按照所整定的时间间隔长短进行动作的继电器。图 2.10.17 为通电延时空气式时间继电器的结构原理图。空气式时间继电器是利用空气阻尼的原理制成的,它主要由电磁系统、触点、气室和传动机构等组成。

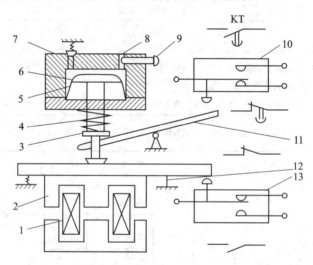

图 2.10.17　通电延时空气式时间继电器的结构原理图

当线圈 1 通电时,动铁芯 2 就被吸下,支承连杆 3 脱离后,伞形活塞 5 在弹簧 4 的作用下,向下移动,使活塞下面气室里的空气受挤压,橡皮膜 6 鼓起,活塞受到下面空气的压力只能慢慢下移,当下移到一定位置时,杠杆 11 使触点 10 改变状态。

从线圈通电时刻起,到触点动作止,这段时间为时间继电器的延时时间,调节螺钉 9 改变进气孔 8 孔隙的大小,就可调节延时时间的长短。此外,图 2.10.17 中的时间继电器还有瞬时动作的触点 13,即通电后该触点瞬时动作,无延时作用。

空气式时间继电器的结构简单,延时范围大(有 0.4～60 s 和 0.4～180 s 两种),因而得到广泛应用。

实验十一　直流电动机的认识和机械特性的测定

实验目的

（1）熟悉实验室设备。
（2）学习直流电动机的检查方法。
（3）练习直流电动机的接线。
（4）熟悉直流电动机的启动方法和调速方法。
（5）测定直流电动机在几种运转状态下的机械特性。

预习内容

（1）学习有关直流电动机的理论知识。
（2）认真学习电工实验须知和本实验中的注意事项。
（3）学习本实验内容，重点弄懂实验原理和实验步骤。
（4）从附录中了解实验室电动机的规格和参数。
（5）根据实验报告的格式和要求写出预习报告。预习报告中的实验设备由学生根据实验室设备介绍和实验线路图来选定。设备型号可暂不写出，待做实验时，再根据所用设备补写上去。
（6）自制记录数据的表格。
（7）按实验原理，对本实验内容"（6）测机械特性"中的"③转速反向反接制动人为特性曲线"，进行实验步骤设计。
（8）完成预习思考题：
① 什么叫电动机的额定数据？
② 直流电动机是否允许直接启动？为什么？
③ 本实验采用什么调速方式？说明其调速特点。
④ 要改变电动机的转向，应采用哪些办法？
⑤ 实验中各个开关的作用如何？应注意什么问题？

实验设备

1. 电动机机组

① 直流电动机—直流发电动机机组（简称：D—F 机组）。
② 直流电动机—绕线式异步电动机机组。
③ 直流发电动机—笼型异步电动机机组。

2. 实验台

① 直流电源闸刀开关。

② 交流电源闸刀开关。

③ 三相双投闸刀开关。

④ 单相双投闸刀开关。

⑤ 单相单投闸刀开关。

⑥ 短路插头（电流插头）。

以上开关的具体位置，到实验室听指导教师介绍。

3. 其他设备

① 调节变阻器。

② 滑线变阻器。

③ 电压表。

④ 电流表。

⑤ 功率表。

以上设备型号请同学们在实验室自行了解并记录。

实验线路

实验线路如图 2.11.1 所示。

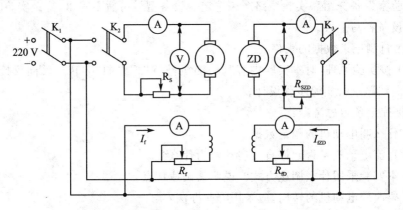

图 2.11.1 他励直流电动机机组实验线路图

实验原理

在实验中为了测定被试电动机的机械特性，必须在其轴上施加一个可变负载。改变可变负载测出不同负载下电动机的转速和转矩，从而得到其机械特性 $n = f(M)$。施加在被试电动机轴上的负载形式有多种多样，然而要获得被试电动机在各种运转状态下的机械特性，最可行的方法是采用一台电动机来作负载，利用这台负载电动机工作于不同运转状态就可以测出被试电动机在不同运转状态下的机械特性。本实验用两台他励直流电动机来完成实验内容。这两台他励直流电动机被称之为直流电动机-直流发电动机机组。本实验原理如下:

1. 被试电动机运转于电动状态

图 2.11.1 中 D 为被试电动机,ZD 为负载机(可为任意类型,即可为直流电动机或异步电动机)。在本实验中 D 为他励直流发电动机。ZD 为他励直流电动机,两者用联轴器接在一起。

先使两电动机励磁绕组接电源(合上开关 K_1),调节励磁电阻分别使 D、ZD 达到额定励磁电流值。再将 D 的电枢绕组接上电源(合开关 K_2),将 R_S 调到零或某个值。使被试电动机 D 运转于电动状态。其特性如图 2.11.2 中曲线 1 或 2 所示。

为得到被试电动机 D 电动状态下的这些机械特性,可使负载电动机 ZD 运转于转速反向的反接制动状态。(合上开关 K_3)调节电枢电阻 R_{SZD},可以得到一族 ZD 的机械特性曲线,如图 2.11.2 中的曲线 3、4、5 所示、这些特性与 D 的机械特性 1 或 2 分别交于 a、b、c、d、e、f、g 等点。这些点即为稳定工作点,连接 a、b、c 或 e、f、g 便得到所需的被试电动机 D 的机械特性。

不管被试电动机电枢回路中电阻多大和励磁是否为额定,其自然特性和各种人为特性在电动状态下的机械特性都可用上述方法来测取。

2. 被试电动机运转于转速反向反接制动状态

如果被试电动机原先运转于电动状态,现使其转速逐渐降低,并且反转,便进入转速反向反接制动状态,其特性曲线如图 2.11.2 中处于第四象限的曲线 2 所示。

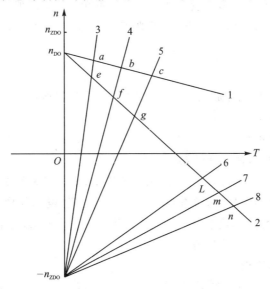

图 2.11.2 直流电动机的机械特性曲线

为获得被试电动机 D 在转速反向反接制动状态下的机械特性,负载电动机 ZD 应做作反向电动运转,即应使 ZD 的转向与 D 在电动状态时的转向相反。若 ZD 处于转速反向的反接制动状态可通过调小 R_{SZD} 使 $n \leqslant 0$ 来达到。当 ZD 为反向电动状态,并且 R_{SZD} 的数值不同时,得到一族机械特性,如图 2.11.2 中的曲线 6、7、8 所示。这些特性与被试电动机 D 在反接制动状态下的机械特性交于 L、m、n 等点,连接这些稳定点便可得到所需被试电动机 D 的机械特性。

实验内容

(1) 认识设备。
(2) 检查电动机。
(3) 接线。
(4) 启动。
(5) 调速。
(6) 测机械特性:
① 电动状态下固有特性曲线。
② 电动状态下转子串电阻的人为特性曲线。
③ 转速反向反接制动人为特性曲线。

实验步骤

1. 认识设备

认真听取教师介绍实验室设备情况。重点听懂实验电源取用方法和实验台使用方法。仔细观察他励直流电动机和其他实验设备的铭牌数据、外形结构及接线方式等。

2. 检查电动机

新购、修复后或长期存放的电动机,使用前应进行机械和电气两方面的检查和调整,其内容分别如下:

1) 机械方面的检查
① 观察主紧固件,例如联轴器螺丝有无松脱。
② 用手转动机轴,观察有无摩擦、阻碍或撞击,轴承有无不正常响声。
③ 打开端盖上的观察孔,检查电刷位置是否正确,电刷与换向器表面接触是否良好,电刷压力是否正常,刷盒及座圈是否固定牢靠,转子绑线是否完好结实,转动部分是否与定子上的引线发生摩擦,等等。

2) 电气方面的检查
① 观察接线端子引出线绝缘是否良好,各接线端之间有无相碰短路现象的可能。

② 用兆欧表测量各个绕组对地及相互间的绝缘情况。

3. 接　线

首先观察教师的示范线路及操作演示。然后按图 2.11.1 对被试的他励直流发电动机 D 接线,(负载机 ZD 在实验步骤 6 中使用时再接入)。每个同学都练习一次,并相互进行检查。

4. 启　动

直流电动机不允许直接启动。为了避免直接启动,可按下列步骤进行操作:

① 闸刀 K_1、K_2 断开。将励磁回路外串电阻 R_f 调至最小,将电枢回路外串电阻 R_S 调至最大。

② 合上闸刀 K_1,调 R_f。使 $I_f = I_{fe} = 0.61$ A。

③ 合上闸刀 K_2,此时转速 n 较低。调电枢电阻 R_S,逐步减小 R_S,使转速 n 上升,升至 $n = n_e = 1\ 500$ r/min。

5. 调　速

① 调节电阻 R_S。增大 R_S 时,转速降低;减小 R_S 时,转速升高。

② 调节电阻 R_f。增大 R_f 时,转速升高;减小 R_f 时,转速降低。

6. 测定他励直流电动机的机械特性

1) 测定电动状态下的固有特性曲线($R_S = 0$)

① 将电动机 D、ZD 的励磁电阻 R_f 及 R_{fd} 调到最小。合开关 K_1。使励磁电流 I_f 及 I_{fZD} 分别为额定值 0.527 A 及 0.61 A。

② 将 R_{SZD} 调至最大后合 K_3,确认 ZD 转速为"负"。若方向不对,可在断电的情况下,调换电枢绕组。

③ 将 R_S 调至最大后合 K_2,使被试电动机 D 的转速为"正"。再调 $R_S = 0$,合 K_3,记录 I_D、n。逐次减小 R_{SZD},共记 5~6 组数据,再将 R_{SZD} 调至最大。

2) 测定在电动状态下转子串电阻的人为特性曲线($R_S = 40\ \Omega$)

调 $R_S = 40\ \Omega$(中间位置)记录 I_D、n。然后逐次减小 R_{SZD},记 5~6 组数据,至 $n \geq 0$(刚停)。再调小 R_{SZD} 至 $n \leq 0$ 时,再记一组数据。然后逐次减小 R_{SZD} 记 5~6 组数据,最后将 R_{SZD} 调到最大,再断开 K_3、K_2、K_1。

3) 测定转速反向反接制动人为特性曲线($R_S = 40\ \Omega$)

按实验原理自行设计"测定转速反向反接制动人为特性曲线"的实验步骤。

实验注意事项

(1) 严格检查励磁接线,以防开路发生飞车。

(2) 选择适当的电流表量程。在测量中不能换量程,以保证读数正确。

(3) 保证 $I_L = I_{Le} = 0.61$ A。

(4) 启动电动机前,应检查各个电阻 R_f、R_{fZD}、R_S、R_{SZD} 的位置是否正确。

(5) 整个实验开始前应测定被试电动机和负载电动机的转向。

(6) 励磁电流 I_f、I_{fZD} 保持不变。

(7) 调 R_{SZD} 时、一定要观察电流表,且要慢调,尤其到 6 A 以后要特别小心,不能超过额定值。

(8) 测量数据时一定要等转速稳定下来再读取数据,不可一边调节负载一边读取数据。

(9) 各个仪表的量程必须正确,数据的正、负要一并记录下来。

(10) 必须遵守机组启动和停止的顺序,不可弄错。

(11) 实验中励磁不能断,否则将发生飞车。若发现问题,立即拉掉总闸(K_1)。

(12) 停止实验前应将电枢电阻打到最大位置。为下次实验作准备。

实验报告内容

(1) 抄录被试电动机的铭牌数据。

(2) 记录直流电动机电枢绕组,他励磁绕组及串励磁绕组的端子标志符号。

(3) 填上实验设备的型号。

(4) 根据实验所得数据计算并绘制各种运转状态下的机械特性曲线。

(5) 回答预习思考题。

(6) 回答下述问题:

① 电枢回路中为什么要串入外加电阻 R_S? 励磁回路中为什么要串入外加电阻 R_f?

② 被试电动机电动状态下的机械特性,除了实验原理中所述方法(被试机处于正向电动,负载机处于转速反向的反接制动)外,还有什么方法?

③ 直流机组的两台电动机容量不同,选那一台做被试电动机比较好?

④ 启动时,电枢电阻 R_a 和励磁电阻 R_f 调到最大还是最小?

⑤ 实验开始时,$K_1 K_2 K_3$ 的合闸顺序是什么?

⑥ 实验结束后,$K_1 K_2 K_3$ 的断开顺序是什么?

⑦ 为使转速升高可采用的方法是什么?

⑧ 电动机运行中,R_a 开路其后果如何? R_a 短路的后果如何? R_f 开路的后果如何?

(7) 写出实验体会及建议。

附录 实验室的直流电动机规格

1. 直流电动机

型号:Z2—32 　　运行方式:连续

额定容量:2.2 kW 　额定电压:220 V

额定电流:12.5 A　　额定转速:1500 r/min
励磁方式:他励　　励磁电压:220 V
励磁电流:0.61 A

2. 直流发电动机

型号:Z2—32　　运行方式:连续
额定容量:1.9 kW　　额定电压:230 V
额定电流:8.25 A　　额定转速:1 450 r/min
励磁方式:复励　　励磁电压:230 V
励磁电流:0.527 A

实验十二　绕线式异步电动机机械特性、启动和制动、调速

实验目的

(1) 学会绕线式异步电动机启动、制动及调速的几种方法。
(2) 测定绕线式异步电动机的机械特性。

实验仪器及设备

具体的实验仪器及设备如表 2.12.1 所列。

表 2.12.1　实验仪器及设备

序　号	实验器材名称	数　量
1	绕线式异步电动机	1 台
2	直流负载电动机	1 套
3	交流电流表	1 块
4	直流电流表	2 块
5	可变电阻器	3 台
6	闸刀开关	5 个
7	交流调压器	1 台
8	三相变阻器	1 台

以上设备型号在实验室自行了解和记录。

预习要求

(1) 复习有关理论知识。
(2) 弄懂本实验中的几种启动、制动及调速方式和原理。
(3) 学习本实验中的机械特性测定方法及步骤。
(4) 根据实验报告的格式和要求写出预习报告。
(5) 根据实验内容自制记录数据的表格。
(6) 完成预习思考题：
① 为什么交流异步电动机能直接启动,而直流电动机不能直接启动？
② 在什么条件下才能测得绕线式异步电动机的固有机械特性？
③ 三相交流调压器做何用处？它能调的最高电压是多少？
④ 绕线式异步电动机启动和调速时,用到的开关是 K_1、K_2 还是 K_3、K_4？

⑤ 绕线式异步电动机制动时,用到的开关是哪些?

⑥ 测定绕线式异步电动机的机械特性时,用到的开关是哪些?并说明实验开始时这些开关开通的顺序;实验结束时这些开关关断的顺序。

⑦ 励磁回路电阻 R_f 什么时候调到最小?什么时候调到最大?调错了会出现什么问题?

⑧ 电枢回路电阻 R_S 什么时候调到最小?什么时候调到最大?调错了会出现什么问题?

⑨ 异步机能耗制动 R_W 是怎样调节的?

⑩ R_J 是什么电阻?它在什么时候使用?

实验线路

实验线路如图 2.12.1 所示。

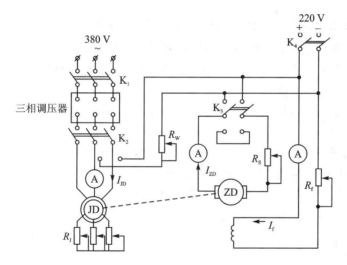

图 2.12.1 绕线式异步电动机实验线路图

实验原理

为获得交流异步电动机在各种运转状态下的机械特性,也必须像测定直流电动机机械特性的实验一样,采用一台直流电动机来作负载,利用负载电动机工作于不同的运转状态就可以测出被试交流异步电动机在不同运转状态下的机械特性。

下面就实验线路图 2.12.1 中被试交流异步电动机与直流他励负载电动机采用电枢回路串电阻调速的方法,配合情况加以说明:

1. 被试交流异步电动机运转于电动状态

当被测异步电动机 JD 处于电动状态时,负载电动机 ZD 处于能耗制动状态。改变 ZD 电枢回路电阻 R_S 值,得到如图 2.12.2 中 1、2、3 直线,与 JD 正向电动特性曲线 1 交于 a、b、c 等点,连接这些稳定点便得到所需的机械特性。另外,为了获得异步电动机的临界转矩和其附近特性曲线,该处必须多测几点。

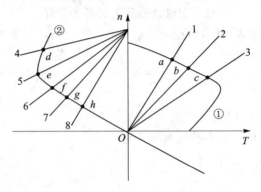

图 2.12.2　绕线式异步电动机的机械特性

2. 被试交流异步电动机运转于能耗制动状态

当 JD 工作在电动状态时,瞬间将 JD 断开交流电、接通直流电此时被试交流异步电动机 JD 的定子通入直流,负载电动机 ZD 拖动异步电动机转子旋转。改变不同 R_s 值时,ZD 的特性曲线 4、5、6、7、8(如图 2.12.2 所示)与 JD 的能耗制动曲线②相交于 d、e、f、g、h 等点,连接这几点(包括坐标原点)便得所需的 JD 能耗制动特性曲线。

当 JD 运转于能耗制动状态时,ZD 运转于电动状态。

由上所述可见,应用直流电动机作负载,利用其运转于不同状态,可测取被试交流异步电动机在不同状态下的机械特性,并且不仅可以测到稳定部分的机械特性,还可以测得非稳定部分的机械特性。

实验内容

1. 启　动

直接启动($R_J=0$);降压启动($R_J=0$)。

2. 调　速

转子串电阻调速,调节 R_J 改变转速;调压调速,调节三相调压器改变转速。

3. 制　动

能耗制动($R_J \approx 20\ \Omega$)。以上内容均在空载下运行。

4. 测定绕线式异步电动机的机械特性

电动状态固有特性 $U=U_e$,$R_J=0$;能耗制动人为特性 $R_J=20\ \Omega$。

说明:做上述实验内容 1～3 时,只用被测异步电动机 JD 一台电动机做实验,直流电动机 ZD 不接入。做上述实验内容 4 时,用异步电动机 JD 和直流电动机 ZD 两台电动机做实验。直流电动机 ZD 是作为负载接入的。

实验步骤

1. 启　动

1) 直接启动

① 按图 2.12.1 对被测异步电动机 JD 进行接线。

② 将 R_J 调到零。

③ 合 K_1 将调压器调到 380 V。

④ 合 K_2 观察电动机启动情况,拔下电流表插头记录稳定运行时的电流表读数。

⑤ 断开 K_2。

2) 降压启动

① 在以上①②状态下,进行下一步。

② 合上 K_1,将调压器调到 220 V。

③ 合上 K_2,观察电动机启动情况,拔下电流表插头记录稳定运行时的电流表读数。

2. 调　速

1) 转子串电阻调速

① R_J 调到零。

② 合 K_1,将调压器调到 380 V。

③ 合 K_2,启动电动机并测量其稳定运行时的转速。

④ 将 R_J 逐渐增大,选择几个不同的 R_J 值,分别测量串不同 R_J 值时的转速。

⑤ 断开 K_2、K_1。

2) 调压调速

① R_J 调到零。

② 合 K_1,将调压器调到 380 V。

③ 合 K_2,启动电动机并测量其稳定运行时的转速。

④ 调节调压器,使供电电压下降,观察电动机转速并选择几个不同的电压值,分别测出在其电压供电下的转速。

⑤ 断开 K_2、K_1。

3. 制动(能耗制动)

① 将 R_J 调到 20 Ω。

② R_W 调最大。

③ 合上 K_4,再下合 K_2。调 R_W,使 I_{JD} 为 3.5 A。

④ 断 K_2,合上 K_1,将调压器调到 380 V。

⑤ 合上 K_2,使其电动机稳定运行。

⑥ 断开 K_2，观察电动机自由停车过程，并记下所需时间。

⑦ 再合 K_2，让电动机再次稳定运行。

⑧ 下合 K_2，使电动机工作在能耗制动状态，记下电动机从制动开始到转速为零的时间。

4. 测定绕线式异步电动机的机械特性

1) 准备阶段

① 在上面实验的基础上，再按实验图 2.12.1 接入负载直流电动机 ZD。

② 将励磁回路电阻 R_f 调到最小，电枢回路电阻 R_S 调到最大。

③ 合 K_4，调 R_f，将励磁电流 I_f 调到 0.61 A。

④ 上合 K_3 使 ZD 接上直流电，观察转速 n_{ZD} 为"正"，再断 K_3。

2) 固有特性

① 合 K_1，将三相调压器调到 380 V。

② 合 K_2，使 n_{JD} 为"＋"，调 $R_J=0$。

③ 合 K_4，给负载机 ZD 加上励磁电流。

④ 下合 K_3（ZD 为能耗制动）。记录 I_{JD}、I_{ZD}、U_{ZD}、n，逐次调 R_S，记 5～6 组数据。最后将 R_S 调到最大，断开 K_3。

3) 能耗制动

① 调 R_J 为 20 Ω。

② 下合 K_2，调 R_W，使 I_{JD} 为 3.5 A。

③ 上合 K_3，使 n_{ZD} 为"十"。调 R_S，使 I_{ZD} 在 0～12A 内。记下 I_{JD}、I_{JD}、I_{ZD}、U_{ZD}、n 的 5～6 组数据。

最后将 R_S 调至最大，断开 K_3、K_4、K_2、K_1。

注意事项

(1) 实验时，电动机的电枢电流都不应超过额定值。

(2) 各个仪表的量程必须正确，数据的正负要记下。

(3) 必须遵守机组启动和停止的操作顺序，不可任意操作。

(4) 调压器不能接反，否则造成短路。

(5) 转向不对，需要换线时，要断电调换。

(6) 不接电流表时，短路插头不能拔。

(7) 万用表只用电压挡，不用其他挡。特别不能用电流挡，否则短路烧毁。

(8) 测量数据时一定要等转速稳定下来再读取数据，不可一边调节负载，一边读取数据。

实验报告内容

(1) 整理测量数据，分别写出各实验内容情况。即

① 在什么条件下做了哪一种实验。
② 观察到什么情况。
③ 测量了什么值。
④ 发现了什么情况,并分析之。
⑤ 解决了什么问题。

(2) 定性画出不同的机械特性曲线。按启动、制动、调速三种工作状态划分,每一种工作状态下的不同情况画在同一坐标上,以便比较。

(3) 根据实验所得数据计算并绘制被试异步电动机在正向电动及能耗制动状态下带负载的机械特性曲线。

(4) 分析、讨论实验结果。

(5) 回答预习思考题。

(6) 回答下述问题:
① 本实验所选的两台电动机容量是否相同?在实验中应注意什么?
② 在图 2.12.2 中曲线①的拐点不要求测出。为什么?
③ 除本实验所做的启动、制动及调速的方式外,还有哪些方式?
④ 若要用变频调速方式,需要在电动机的什么地方加什么设备?
⑤ 调压调速与串电阻调速各有什么特点?
⑥ 图 2.12.2 中的 4 个电阻 R_J、R_W、R_f、R_S 各为什么电阻?起什么作用?怎么调节?

(7) 写实验心得体会和建议。

附录 实验室的异步电动机规格

1. 三相异步电动机

型号:JO2—31—4 　　运行方式:连续

额定容量:2.2 kW 　　额定转速:1 430 r/min

定子额定电压:380 V 　　接法:Y 形

定子额定电流:4.89 A

2. 三相滑环式异步电动机

型号:JR251—4S 　　运行方式:连续

额定容量:3 kW 　　额定转速:1 400 r/min

定子额定电压:380 V 　　接法:Y 形

定子额定电流:6.9 A 　　转子开口电压:195 V

转子额定电流:9.5 A

实验十三　常用电子仪器的使用及典型信号的观测

实验目的

（1）了解示波器的工作原理,正确使用示波器。初步掌握用示波器观察电信号波形并定量测出正弦信号和脉冲信号的波形参数的方法。

（2）学习使用低频信号发生器。

（3）学习使用毫伏表。

（4）熟悉电路、信号与系统实验板。

实验仪器及设备

具体的实验仪器及设备如表 2.13.1 所列。

表 2.13.1　实验仪器及设备

序　号	实验器材名称	数　量
1	示波器	一台
2	低频信号发生器	一台
3	万用表	一只
4	元件实验板	一块

实验原理

1. 示波器的构造及各部分的作用

示波器是一种途广泛的电子测量仪器。它可以用来观察和测量随时间变化的电信号的图形。一般示波器包括有示波管、Y 轴放大器、X 轴放大器、扫描发生器及电源等五个主要部分组成,其结构方框如图 2.13.1 所示。

示波管是示波器的重要部件,示波管的功能是用电信号控制电子的集束（称电子束或电子射线）,让其按电信号的规律射在荧光屏上,使荧光屏内层涂的荧光物质发光,而变为光信号。通常示波器用的示波管是单电子束静电偏转示波管,这种示波管由电子枪、偏转系统和荧光屏三部分组成。

电子枪包括灯丝、阴极、控制栅、第一阳极和第二阳极。灯丝用来加热阴极,使阴极发射电子,电子穿过控制栅后被子第一阳极和第二阳极加速和聚焦。因此,电子枪起产生电子、使电子聚焦成束并加速的作用。

偏转系统包括一对 Y 轴偏转板、一对 X 轴偏转板,每对偏转板本身两板平行,两

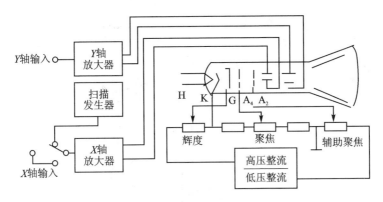

图 2.13.1　示波器结构方框图

对偏转板空间位置相互垂直。Y 轴偏转板控制电子束沿 Y 轴方向上下运动，X 轴偏转板控制电子束沿 X 轴方向左右运动。运动距离与偏转板上所加的电压成正比，所以偏转系统使电子束按电信号大小而偏转。

最后电子束打在涂有荧光剂的屏面上，发出可见的光点，这样一来，荧光屏就能把电子束的运动转换为光迹。

Y 轴放大器把信号放大到一定的幅度，然后加在示波管的 Y 轴偏转板上，因而 Y 轴放大器带有衰减器用以调节垂直幅度，确保屏面上图形的垂直幅度适当，进行定量测量。

扫描发生器和 X 轴放大器称为扫描时基部分。扫描发生器产生一个与时间成线性关系的周期性锯齿波电压（又称扫描电压），经过 X 轴放大器放大以后，再加到示波管 X 轴偏转板上，X 轴放大器带有衰减器。

电源部分向示波管和其他电子元件提供所需的各组高低压电源，以保证示波器各部分工作正常。

2．显示波形的原理

示波器是观察被测电信号的电压和时间关系，即 $u_y = f(t)$ 的图形，该图形在荧光屏上显示出来为 $y = f(x)$。当垂直偏转板上加有待测信号电压 $u_y = U_{ym} \cdot \sin \omega t$，水平偏转板上加线性扫描电压（锯齿电压）$u_x$ 时，光点某一瞬间在荧光屏上的位置就取决于此时刻 u_y 和 u_x 数值。当 $t = t_0$ 时，$u_y = 0$，$u_x = 0$，光点在荧光屏上 O 点；在 $t = t_1、t_2、t_3、t_4$ 时刻，光点在荧光屏的 1、2、3、4 点等位置如图 2.13.2 所示。

若把光点在所有时刻位置的轨迹全部画出，荧光屏上即显示出图中所示正弦波的图形。

扫描电压对荧光屏上所显示的图形影响很大，扫描电压信号周期是被测信号周期的几倍，这个倍数决定了屏上图形的周期数，这样图形才是稳定不动的。这由线性扫描电压发生器内的同步（整步）电路来完成的。扫描电压幅度 U_{xm} 决定了屏上图形在水平方向上的宽度。

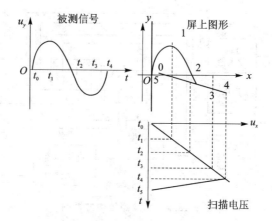

图 2.13.2　示波器荧光屏的光点对应关系

3. 示波器面板上各旋钮或开关的作用

示波器种类不同,旋钮开关数目以及在面板上的位置和称呼也不全相同,但大体上可以分为主机、Y 通道、X 通道三部分。

1) 主机部分

(1) 电源开关,用来接通或切断电源,接通电源时指示灯亮。

(2) 亮度旋钮,或辉度旋钮,用来控制荧光屏上显示波形的亮度。

(3) 聚焦旋钮,调节荧光屏上亮点的大小,即图形的清晰度。

(4) 辅助聚焦旋钮,作用与聚焦旋钮相同,通常二者配合调节。

(5) 标尺亮度旋钮,调节荧光屏坐标照明的亮度。

2) Y 通道

(1) Y 轴位移旋钮,控制荧光屏上图形在垂直方向的位置,用 ↓↑ 来表示。

(2) Y 轴增幅和 Y 轴衰减旋钮,用以调节图形 Y 轴方向的幅度及校准 Y 轴灵敏度。

(3) V/DIV – Y 轴灵敏度(伏/厘米)开关,用以选择 Y 轴偏转灵敏度。即步级调节 Y 轴幅度,以便定量计算幅值。

3) X 通道

(1) X 轴位移旋钮,控制荧光屏上图形在水平方向上的位置,以 ⇆ 来表示。

(2) X 轴增幅和 X 轴衰减旋钮,用来调节图形 X 轴方向的幅度及校准 X 轴灵敏度。

(3) 扫描范围开关,步级调节(粗调)扫描信号的频率。

(4) 扫描微调旋钮,微调扫描信号频率。

(5) 整步选择或触发选择开关,用以选择内、外或电源等同步或触发信号。

(6) 整步增幅或触发电平旋钮,控制同步信号电压的幅度或触发电平的高低。

(7) S/DIV-X 轴灵敏度（秒/厘米）开关,用以选择扫描周期,以便定量计算时间量。

(8) 水平工作选择开关,用来接通或切断 X 通道中的扫描信号,以转换示波器的工作方式。

4. 示波器的基本测量方法

1) 电压幅值测量

按示波器种类不同,常有以下两种方法测量电压幅值。

对于有 V/DIV 开关的示波器,Y 轴的坐标比例已经确定,故只需将被测信号占坐标的格子数乘以 V/DIV 开关所指的刻度,即可测出其电压峰-峰值。若荧光屏上波形如图 2.13.3 所示,正弦电压峰-峰值占有 7 格子,V/DIV 开关指在 1 伏,则 $V_{P-P} = 7 \text{ DIV} \times 1 \text{ V/DIV} = 7 \text{ V}$。因 V_{P-P} 是被测信号电压的幅值 U_m 的 2 倍,$U_m = V_{P-P}/2$,进而被测信号电压的有效值 $U = V_{P-P}/(2\sqrt{2})$。

对 Y 轴只有连续调节增幅的示波器,需要首先输入一个已知幅值的标准信号电压,调节 Y 轴增幅以确定荧光屏上 Y 轴的坐标单位(即定标 V/cm),再将被测信号输入,幅值计算方法与上述的相同。注意:定标后,不能再旋动 Y 轴增幅旋钮。

2) 电流幅值测量

测量电流一般是用电阻取样法将电流信号转换为电压信号以后,再进行测量。例如,如图 2.13.4 中,为要测量 Z 支路的电流 i,先串接一个取样电阻 R,因 $u_r = iR$,则 $i = u_r/R$,因此,用示波器测出 u_r 幅值后,再除以取样电阻即可得出支路电流 i。

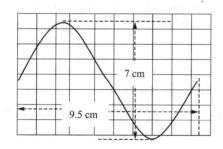

图 2.13.3 电压幅值、周期的测量

图 2.13.4 测量电流幅值

在这里有几个问题要注意:为了减少取样电阻 R 对原电路的影响,通常取 $R \ll Z$,取样电阻应为无感电阻,同时阻值要测定。

注意示波器地线的合理选取。若电源采用信号发生器,那么,信号发生器和示波器的地线一般要联接在一起,这时取样电阻的地线取法常用图 2.13.5(a)所示的形式,若信号源和示波器接地线无需联接在一起,则地线也可采用图 2.13.5(b)形式,这时接地点不同,观察到的 u_r 相位也不同。

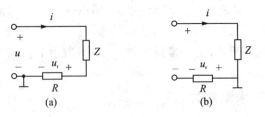

图 2.13.5　示波器地线的联接方式

3) 频率(周期)的测量

测量信号频率(或周期)的方法基本上可分为两大类,一种是利用扫描工作方式,另一种是利用示波器的 $X-Y$ 工作方式(即水平工作方式),下面分别加以介绍:

用扫描工作方式测量信号的频率(或周期),实质上是在确定锯齿波的周期(时间)坐标(称为定时标)之后,再与被测信号的周期进行比较测量。

对 X 通道部分有 S/DIV 开关的示波器,X 轴的时间坐标已经确定。因此,只需将被测信号的一个周期所占有的格子数乘以 S/DIV 开关所示的刻度,即可测出周期。若仍如图 2.13.3 所示的波形,正弦信号一个周期在水平方向占有 9.5 个格子,S/DIV 开关指向 5 ms,则

$$T = 9.5 \text{ DIV} \times 5 \times 10^{-3} \text{ s/DIV} = 47.5 \times 10^{-3} \text{ s} = 47.5 \text{ ms}$$

所以正弦信号周期为 47.5 ms,即频率约为 21 Hz。

注意:此时示波器的 X 轴增幅(扫描扩展)旋钮应置于校正位置。

对 X 轴只有扫描范围(粗调)和扫描微调的示波器,轴的时间坐标未被确定。因此需要首先输入一个已知周期的标准信号,调节扫描频率和整步增幅或触发电平,使其图形稳定下来。这时由标准信号一个周期所占的格子数和 s/DIV 的数值,即可算出被测信号的频率和周期。注意,确定了 X 坐标之后,不能再旋动扫描范围(粗调)和微调旋钮。

此外,还有一些示波器设有专门用来测量频率的时标开关。被测信号稳定后将时标开关合上。于是,被测波形轮廓成为间断亮点(线),时标旋钮所指的刻度即代表两个亮点之间的时间。

利用示波器的 $X-Y$ 工作方式,即把水平工作选择开关置于水平工作状态,此时,锯齿波信号被切断,X 轴输入已知标准频率的信号,经放大后加置水平偏转板。Y 轴输入待测频率的信号,经放大后加置垂直偏转板,荧光屏上呈现的是 u_x 和 u_y 的合成图形,即李沙育图形。从李沙育图形的形状可以判定测信号 u_y 的频率。当李沙育图形稳定后,设荧光屏水平方向与图形的切线交点数为 N_x,垂直方向与图形的切线交点数为 N_y,则已知频率 f_x 与待测频率 f_y 有如下关系: $f_y : f_x = N_x : N_y$,即 $f_y = f_x \dfrac{N_x}{N_y}$。表 2.13.2 示出几种常见的李沙育图形及对应的频率比。

表 2.13.2　几种常见的李沙育图形及对应频率比

$f_x:f_y$	1:2	1:3	3:1
图形	∞	∞∞	8

4) 同频率两信号之间相角差的测量

相角差实际上仍然是一种时间量,只不过输入是两个信号,利用 X 轴扫描定时标的方法,需要采用能同时显现出两个输入信号的双踪示波器,将 Y_1、Y_2 之间的相角差折算为时间量后即可测出。例如,若测得信号一周期所占的格子数为 T,两信号波形水平方向差距的格子数为 Δt,如图 2.13.6 所示,则相角差为

$$\varphi = \frac{\Delta t}{T} \times 360°$$

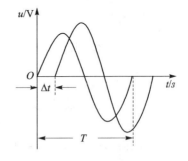

图 2.13.6　相位差的测量

用李沙育图形也可以测量相角差。测量时,u_1 接示波器 X 轴输入,u_2 接 Y 轴输入,u_1 与 u_2 相位不同,荧光屏上就会出现不同的图形。如图 2.13.7 中,u_2 比 u_1 滞后 φ 角,李沙育图形为一斜椭圆。其中,a 表示在 t_1(u_2 过零)时刻 u_1 的幅值,b 表示在 t_2 时刻 u_1 的幅值,则 $a = b \cdot \sin\varphi$,即 $\varphi = \arcsin\left(\dfrac{a}{b}\right)$。

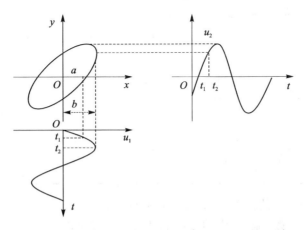

图 2.13.7　用李沙育图形测量相角差

利用示波器的 X-Y 工作方式除了可以用来显示李沙育图形,还可以用来显示

元件的特性曲线,以及状态轨迹等。总之,示波器 $X-Y$ 工作方式是将两个互相关联的电信号分别从 X 轴和 Y 轴输入,显示的图形则是这两个信号的合成,图解的方法与图 2.13.2 所示的相类似。

5. 函数信号发生器

函数信号发生器是输出信号频率为 0～3 MHz、输出信号幅度为 $V_{P-P}=0$～20 V 可调的低频信号发器,能产生多种波形(正弦波、方波、脉冲波、三角波、斜波)信号,并可以点频、扫频两种方式输出信号。

6. 交流毫伏表伏表

交流毫伏表是在电工电子等电科学实验中用来测量电路中激励或响应信号电压有效值的电子仪表。

实验内容与步骤

(1) 熟悉示波器和信号发生器的各主要开关和旋钮的作用。

① 示波器置于扫描(连续)工作方式。接通电源并经预热以后,在示波器的荧光屏上调出一条水平扫描亮线。分别旋动聚焦、辅助聚焦、亮度、标尺亮度、垂直位移、水平位移等旋钮,体会这些旋钮的作用和对水平扫描线的影响。

② 把信号发生器输出调到零值位置并接示波器的输入端,然后合上信号发生器的电源开关,预热后选定其输出波形(三角波)、频率(1 kHz)和输出电压($V_{P-P}=1$ V)。在示波器的荧光屏上,调出被测信号的波形,分别旋动(或转换)示波器的水平扫描系统(X 通道)和垂直系统(Y 通道)的各旋钮(或开关),体会这些旋钮(或开关)的作用以及输入信号波形的形状和稳定性的影响。

③ 分别改变信号的幅值和频率,重复调节并加以体会。

(2) 几种典型信号的测试。

正弦波、方波、三角波波形的有效值 U_{rms}、平均值 U_{av}、峰值 U_m 之间的关系如表 2.13.3 所列。

表 2.13.3 测试数据的关系

信号波形	U_{rms}/U_{av}	U_{av}/U_m	U_{rms}/U_m
正弦波	1.11	0.64	0.71
方　波	1	1	1
三角波	1.15	0.5	0.56

① 几种周期信号的幅值、有效值及频率的测量。

调节函数信号发生器,使它的输出信号波形分别为正弦波、方波和三角波,信号的频率为 1 kHz,信号的有效值大小为 1 V。

用示波器显示波形。测量相应波形的周期和峰值,记入表 2.13.4 内,并计算出频率和有效值。

表 2.13.4　实验波形的周期和峰值

信号波形	信号频率/kHz	信号有效电压峰值/V	示波器测量值		计算值	
			周期/ms	V_{P-P}/V	频率/kHz	有效电压峰值/V
正弦波	1					
方　波	1					
三角波	1					

② 用示波器观测正弦交流电路的参数

按图 2.13.8 接线。调节函数信号发生器,使它的输出信号波形为正弦波,信号的频率分别为 1 kHz 和 2 kHz,信号的有效值为 1 V。

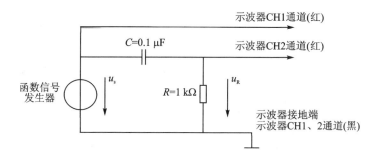

图 2.13.8　正弦交流电路图

用示波器显示波形。分别测量电阻 R 上电压 V_{P-P}、周期 T_R 及 u_s 与 u_R 之间的相位差,记入表 2.13.5 内,并计算出频率和有效值。

表 2.13.5　正弦波实验数据

信号波形	信号频率/kHz	示波器测量值			计算值	
		周期/ms	V_{P-P}/V	相位差/(°)	频率/kHz	有效值/V
正弦波	1					
	2				＊	＊
	5				＊	＊

注意事项

(1) 在用示波器测量前,各旋钮先要调到初始状态。
(2) 示波器上两个信号输入探头在同时接入被测实验电路时,要做到接地点统一。

实验报告要求

(1) 由本实验中第一部分测量各种波形信号的幅度。

(2) 由本实验中第二部分观察的相位差与计算值相比较。

(3) 分析实验数据,找出电路激励与响应之间的关系并给出结论。

(4) 如用示波器观察正弦信号时,荧光屏上出现图 2.13.9 几种情况时,试说明示波器哪些旋钮的位置不对。应如何调节?

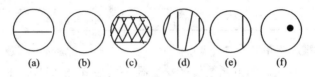

图 2.13.9　示波器显示的波形

实验十四　移相器的设计与测试

实验目的

(1) 学习设计移相器电路的方法。
(2) 掌握移相器电路的测试方法。
(3) 通过设计、搭接、安装及调试移相器,培养工程实践能力。

实验仪器

具体的实验仪器及设备如表 2.14.1 所列。

表 2.14.1　实验仪器及设备

序　号	实验器材名称	数　量
1	正弦信号发生器	1 台
2	双踪示波器	1 台
3	晶体管毫伏表	1 只
4	阻抗电桥	1 块
5	设计实验电路板	1 块

实验原理

线性时不变网络在正弦信号激励下,其响应电压、电流是与激励信号同频率的正弦量,响应与频率的关系,即为频率特性,它可用相量形式的网络函数来表示。在电气工程与电子工程中,往往需要在某确定频率正弦激励信号作用下,获得一定幅值、输出电压相对于输入电压的相位差在一定范围内连续可调的响应(输出)信号。这可通过调节电路元件参数来实现,通常是采用 RC 移相网络来实现的。如图 2.14.1(a) 所示 RC 串联电路,设输入正弦信号,其相量 $\dot{U}_1 = U_1 \angle 0°$,则输出信号电压 $\dot{U}_2$ 为

$$\dot{U}_2 = \frac{R}{R + \frac{1}{\mathrm{j}\omega C}} \dot{U}_1 = \frac{U_1}{\sqrt{1 + \left(\frac{1}{\omega RC}\right)^2}} \angle \arctan \frac{1}{\omega RC}$$

其中输出电压有效值 U_2 为

$$U_2 = \frac{U_1}{\sqrt{1 + \left(\frac{1}{\omega RC}\right)^2}}$$

输出电压的相位 φ_2 为

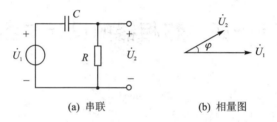

(a) 串联　　　　　　　(b) 相量图

图 2.14.1　RC 串联电路及其相量图 1

$$\varphi_2 = \arctan \frac{1}{\omega RC}$$

由上两式可见,当信号源角频率一定时,输出电压的有效值与相位均随电路元件参数的变化而变化。

若电容 C 为一定值,那么,当 R 从 0 至 ∞ 变化时,则相位 φ_2 从 90°到 0°变化。

另一种 RC 串联电路如实验图 2.14.2 所示,输入正弦信号电压 $\dot{U}_1 = U_1 \angle 0°$,响应电压为

$$\dot{U}_2 = \frac{\dfrac{1}{j\omega C}}{R + \dfrac{1}{j\omega X}} \dot{U}_1 = \frac{U_1}{\sqrt{1+(\omega RC)^2}} \angle -\arctan(\omega RC)$$

(a) RC 串联电路　　　　　　　(b) 相量图

图 2.14.2　RC 串联电路及其相量图 2

其中输出电压有效值 U_2 为

$$U_2 = \frac{U_1}{\sqrt{1+(\omega RC)^2}}$$

输出电压相位 φ_2 为

$$\varphi_2 = -\arctan(\omega RC)$$

同样,输出电压的大小及相位,在输入信号角频率一定时,它们随电路参数的变化而变化。若电容 C 值为一定值,当 R 从 0 至 ∞ 变化时,则相位 φ_2 从 0 到 −90°变化。

当希望得到输出电压的有效值与输入电压有效值相等,而相对输入电压又有一定相位差的输出电压时,通常是采用图 2.14.3(a)所示 X 型 RC 移相电路来实现。为方便分析,将原电路改画成 2.14.3(b)所示电路。输出电压 U_2 为

$$\dot{U}_2 = \dot{U}_{cb} - \dot{U}_{db} = \frac{\frac{1}{j\omega C}}{R + \frac{1}{j\omega C}}\dot{U}_1 - \frac{R}{R + \frac{1}{j\omega C}}\dot{U}_1$$

$$= \frac{1-j\omega RC}{1+j\omega RC}\dot{U}_1 = \frac{\sqrt{1+(\omega RC)^2}}{\sqrt{1+(\omega RC)^2}}U_1\angle -2\arctan(\omega RC)$$

其中，$U_2 = \frac{\sqrt{1+(\omega RC)^2}}{\sqrt{1+(\omega RC)^2}}U_1 = U_1$，$\varphi_2 = -2\arctan(\omega RC)$

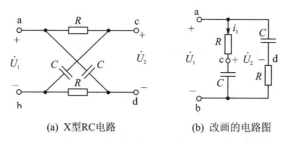

(a) X型RC电路 (b) 改画的电路图

图 2.14.3　X 型 RC 移相电路及改画的电路图

结果说明,此 X 型 RC 移相电路的输出电压与输入电压大小相等,而当信号源角频率一定时,输出电压的相位可通过改变电路的元件参数来调节。若电容 C 值一定,当电阻 R 值从 0 至∞变化时,则 φ_2 从 0°至 −180°变化。其相量图如图 2.14.4 所示,$\dot{U}_2$ 端点轨迹为 $\overset{\frown}{bda}$ 半圆。即

当 $R=0$ 时,则 $\varphi_2=0°$,输出电压 $\dot{U}_2$ 与输入电压 $\dot{U}_1$ 同相位；

当 $R=\infty$ 时,则 $\varphi_2=-180°$,输出电压 $\dot{U}_2$ 与输入信号 $\dot{U}_1$ 相反；

当 $0<R<\infty$,则 φ_2 在 0°～−180°之间取值。

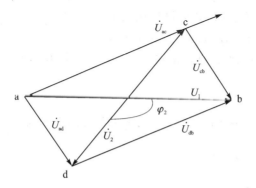

图 2.14.4　X 型 RC 移相电路相量图

实验内容

(1) 设计一个 RC 电路移相器，该移相器输入正弦信号源电压有效值 $U_1=0.2$ V，频率为 2 kHz，由信号发生器提供。要求输出电压有效值 $U_2=0.1$ V，输出电压相对于输入电压的相移在 45°～180° 范围内连续可调。

(2) 设计计算元件值，确定元件，搭试线路、安装、测试输出电压的有效值及相对输入电压的相移范围是否满足设计要求。

实验步骤

(1) 建议采用 X 型 RC 移相电路。
(2) 建议电阻 R 值选用 2 kΩ，确定电容取值范围。
(3) 确定测试线路图。
(4) 确定测试仪器及安装移相器所需器材。
(5) 安装与测试。
(6) 分析测试结果是否符合要求。若不符合，确定修正设计计算，或调整电路，重新测试，直至符合要求为止。
(7) 写出实验报告。

预习思考题

(1) 理论分析计算图 2.14.5 所示 X 型 RC 移相电路输出电压 $\dot{U}_2$ 与输入电压 $\dot{U}_1$ 之间的关系。

(2) 当用信号发生器给移相器提供信号源 $\dot{U}_1$，用示波器测试输出电压 $\dot{U}_2$ 与输入 $\dot{U}_1$ 的相位差及 $\dot{U}_2$ 的有效值时，如何设计测试电路，才能使示波器的输入端与信号源的输出端及被测电路有公共接地点？进行正常测试。

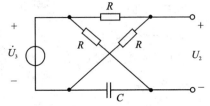

图 2.14.5　X 型 RC 移相电路

注意事项

在测试时，应注意测试仪器与信号源和被测电路有公共接地端连成共地点。

实验报告要求

(1) 写出主要设计计算过程。
(2) 将对制作的移相器测试结果与设计计算结果加以比较，计算误差，并分析产生误差的原因。
(3) 简述对本实验的认识与体会。

第三篇　例题与习题

第9章　电工实验例题

【例1】 实验原理电路如图3.1.1所示,现需测量 E_1 和各支路电流 I_1、I_2、I_3,并要求由仪表精度引起的测量误差不得超过1%。应如何选择测量仪表?

【解题思路】 仪表的选择应从以下几方面考虑:

① 根据被测物理量选择合适类型的仪表,如电压表、电流表和功率表等。
② 根据被测物理量的特征选择仪表,如直流和交流等。
③ 根据被测物理量的数量等级、大小范围确定仪表的量程。对于指针式仪表,测量时应使指针偏转在量程地2/3以上为好。
④ 根据对被测物理量准确度要求选择不同准确度等级的仪表。国产仪表的精度等级分为0.1,0.2,0.5,1.0,1.5,2.0,5.0七挡。
⑤ 根据被测对象阻抗大小来选择和确定仪表的内阻。

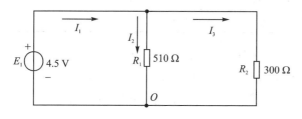

图3.1.1　实验电路原理图

【解】

① 需要测物理量为直流电压源电压 E_1 和各支路电流 I_1,I_2,I_3,所以应选择直流电压表和直流电流表。

② 为确定量程,应先计算被测量的理论值(如表3.1.1所列),再根据其数量初选表的量程。

③ 仪表精度等级选择:

题目要求测量精度优于1%,也即测量的相对误差须小于1%。下面以被测量 E_1 为例来确定仪表的精度等级。

表 3.1.1 理论值

测量项目	E_1/V	I_1/mA	I_2/mA	I_3/mA
理论值	4.5	23.8	8.8	15
量程选择	5	30	15	15

因为相对误差须小于 1‰,则其绝对误差须小于:
$$4.5\text{ V} \times 1\% = 45\text{ mV}$$
当量程为 5 V 时,其引用误差应不大于:
$$\frac{45\text{ mV}}{5\ 000\text{ mV}} \times 100\% = 0.9\%$$
因此要选 0.5 级仪表方能满足要求。

同理,可选出测量各量的仪表精度等级(如表 3.1.2 所列)。

表 3.1.2 误差值列表

测量项目	U_{AB}	I_1	I_2	I_3
理论值	4.5 V	23.8 mA	8.8 mA	15 mA
绝对误差	45 mV	0.238 mA	0.088 mA	0.15 mA
量程选择	5 V	30 mA	15 mA	15 mA
按初选量程所得最大引用误差	0.9	0.79	0.59	1.0
0.5 级表可能的最大绝对误差	25 mV	0.15 mA	0.075 mA	0.075 mA
0.5 级表可能的最大相对误差	0.56	0.63	0.85	0.5

综合以上因素,可选择 C31 系列 0.5 级磁电式直流电表,型号为 C31—mA、C31—V。其主要性能指标如表 3.1.3 所列。

表 3.1.3 C31 磁电式直流电表的性能指标

型 号	量 程	电阻或仪表压降	精 度
C31—mA	1.5 mA~3 mA~7.5 mA~15 mA	$U \approx 10$ mV~20 mV	
	5 mA~10 mA~20 mA~50 mA	$U \approx 12$ mV~29 mV	0.5
	100 mA~200 mA~500 mA~1 000 mA	$U \approx 45$ mV	
C31—V	1 V~5 V~10 V~20 V	500 Ω/V	
	50 V~100 V~200 V~500 V	500 Ω/V	

这时来验算选用 C31—mA、C31—V 表后可能产生的最大相对误差:

由 0.5 级表产生的最大绝对测量误差为:$\Delta = 0.5\% \times$ 选用量程其最大相对测量误差为

$$\gamma = \frac{A''}{被测量}$$

按以上方法计算选用 0.5 级磁电式直流电表 C31—mA、C31—V 后可能产生的最大相对误差值如表 3.1.2 所列,符合题目的要求。

④ C31 系列电表内阻的计算方法如下:

电流表的内阻: $$R = \frac{U}{I_{\max}}$$

电压表的内阻: $$R = U_{\max} \times 500 \ \Omega/V$$

式中:U 为电流表满量程时的压降;$I_{\max}$、$U_{\max}$ 分别为电流表和电压表的量程值。

题中没有要求计算由内阻引起的误差,因此,在此不再详细分析。

【例 2】 若对如图 3.1.1 所示电路中的 I_3 采用间接测量法进行测量时,试计算其可能产生的最大相对误差。

【解】 上题中已计算出 I_1 和 I_2 产生的可能最大绝对误差分别为 ±0.15 mA 和 ±0.075 mA,按最不利的情况考虑,间接测量产生的最大绝对误差应为两同号误差值之和。

$$\Delta_3 = \Delta_2 + \Delta_1 = \pm 0.225$$

可能最大相对误差应为 $\gamma_3 = \dfrac{\Delta_3}{I_3} = \dfrac{\pm 0.225}{15} = 1.5\%$

但对用同一仪表测量,其引起的误差是一致的;又因为 I_3 为两测量值之差,所以有可能:

$$\Delta_3 = \Delta_2 + \Delta_1 = \pm 0.075$$

由此可看出,采用间接测量法在一定的条件下可降低测量误差。两个被测值越接近,误差越小。但是,间接测量的误差分析是复杂的,通常情况下尽可能少用。

【例 3】 用一只准确度为 1.5 级、量程为 50 V 的电压表分别测量 10 V 和 40 V 电压,则所测得电压值的最大相对误差各是多少?

【解题思路】 首先应确定仪表的最大绝对误差,再分析仪表的相对测量误差。

【解】 由量程为 50 V 的电压表测量而产生的最大绝对误差为

$$\Delta U = \pm 1.5\% \times 50 \ V = \pm 0.75 \ V$$

用该表测量实际值为 10 V 的电压时,其相对误差为

$$\gamma = \frac{\pm 0.75 \ V}{10 \ V} \times 100\% = \pm 7.5\%$$

测量实际值为 40 V 的电压时,其相对误差为

$$\gamma = \frac{\pm 0.75 \ V}{40 \ V} \times 100\% = \pm 1.9\%$$

由此可见,测量的实际值越接近于仪表的量程,其相对的测量误差越小。因此,在选用仪表时,因当根据测量值来选择量程,尽可能使测量值在仪表量程 2/3 以上。

【例 4】 图 3.1.2 是用伏安法测量电阻的两种电路。因为电流表有内阻 R_A,电

压表有内阻 R_V,所以如图两种方法都将引入误差。试分析它们的误差,并讨论这两种方法的适用条件。

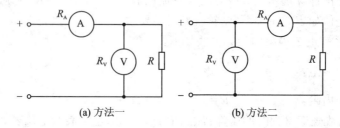

图 3.1.2 伏安法测电阻电路

【解题思路】 用伏安法测量电阻应考虑电流表的压降和电压表的分流作用。

【解】 图 3.1.2(a)所示测量电路中,电流表的示数 I_A 包含电压表内阻产生的电流:

$$I_V = \frac{U_V}{R_V}$$

此时实测电阻 R' 与电阻真值 R 的关系式为

$$R' = \frac{U_V}{I_A} = \frac{R_V \times R}{R_V + R} = \frac{R}{1 + \frac{R}{R_V}}$$

从上式可见,只有在 $R_V \gg R$,$\frac{R}{R_V}$ 项可忽略不计时,$R' \approx R$。

图 3.1.2(b)所示测量电路中,电压表的示数 U_V 包含电流表的内阻产生的压降:

$$U_A = R_A \times I_A$$

此时实测电阻 R'' 与电阻真值 R 的关系式为

$$R'' = R + R_A$$

从上式可见,只有在 $R_A \ll R$,R_A 项相对于 R 可忽略不计时,$R'' \approx R$。

从本题误差来源的分析可知,采用图 3.1.2 所示两种电路的测量方法都将使测量的准确度受到影响(图 3.1.2(a)中的电压表的内阻的分流或图 3.1.2(b)中的电流表的内阻的分压作用)。

为减小这一误差因素,就要求当被测电阻的阻值较大时,选择图 3.1.2(a)电路;当被测电阻的阻值较小时,选择图 3.1.2(b)电路。

被测电阻的概念可扩展为一个二端网络的等效阻值,因而本题的分析具有普遍意义。

【例 5】 某同学采用如图 3.1.3 所示实验电路图来验证叠加原理。在实验线路连好,并准确调定两电压源输出电压($E_1 = 4.5\text{V}$,$E_1 = 1.5\text{ V}$)后,分别测量出各点电压与理论值相差甚远。检查线路的连接,没有发现错误和故障;用电阻挡检测各电阻值,也准确无误;再换同类型表重测一遍数据,还是如此,那么该实验的问题出在哪里？请分析。

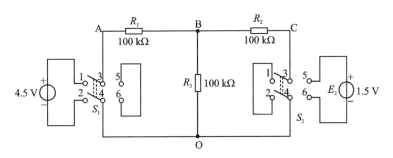

图 3.1.3 实验电路图

实验数据记录如表 3.1.4 所列，MF—30 型万用表的技术性能列于表 3.1.5 和表 3.1.6 中。

表 3.1.4 实测数据

测量项目		E_1/V	E_2/V	U_{AB}/V	U_{BC}/V	U_{BO}/V
两开关 S 掷向左	E_1 单独作用于电路	4.50		2.23	1.12	1.12
两开关 S 掷向右	E_2 单独作用于电路		1.50	−0.38	−0.75	0.38
开关 S_1 掷向左 开关 S_2 掷向右	$E_1 E_2$ 同作用于电路	4.50	1.50	1.85	0.37	1.5

注：以上数据皆用 MF—30 万用表的 5 V 直流电压挡测量。

表 3.1.5 MF—30 型万用表的技术性能

测量项目	标记符号	测量范围	灵敏度或电压降	精度	备注
直流电压	V(或 V) —	1 V～5 V～25 V	20 000 Ω/V	2.5	
		100 V～500 V	5 000 Ω/V		
交流电压	V(或 V) ～	10 V～100 V～500 V	5 000 Ω/V	4.0	正弦交流电压频率 45～1 000 Hz
直流电流	mA	50 μA	0.045 V	2.5	
		0.5 mA～5 mA～50 mA～500 mA	0.3 V		
电阻	Ω	×1 Ω，×10 Ω，×100 Ω，×1 kΩ	25 Ω 中心电阻	2.5	1.5 V 干电池
		×10 kΩ			15 V 叠层电池
音频电平	dB	−10～+22 dB		4.0	

表 3.1.6　MF—30 型万用表电压挡的灵敏度和总电阻

量 程	1 V	5 V	25 V	100 V	500 V
灵敏度	20 kΩ/V			5 kΩ/V	
总阻值	20 kΩ	100 kΩ	500 kΩ	500 kΩ	2 500 kΩ

【解题思路】

① 首先要计算被测电压的理论值(见表 3.1.7)。

表 3.1.7　理论数据

测量项目	E_1/V	E_2/V	U_{AB}/V	U_{BC}/V	U_{BO}/V
E_1 单独作用于电路	4.50		3.00	1.50	1.50
E_2 单独作用于电路		1.50	−0.50	−1.00	0.50
$E_1 E_2$ 同作用于电路	4.50	1.50	2.50	0.50	2.00

② 根据题中叙述基本可判定,这不属于电路故障,应是一个误差分析的问题。将实验数据与理论值进行比较后发现,测量中产生的绝对误差值很大。要查出产生误差的原因,就必须列出误差的可能来源,再进行分析、确定。

【误差分析】　在实际测量中,根据产生误差的原因和性质不同可分类如表 3.1.8 所列[①]。

表 3.1.8　误差分类

$$\begin{cases} \text{系统误差} \begin{cases} \text{测量设备的误差} \\ \text{测量方法的误差} \\ \text{测量条件的误差} \end{cases} \\ \text{随机误差} \\ \text{疏失误差} \end{cases}$$

题中叙述已基本确定不是过失误差(由于测试人员的疏忽或失误,如接线、读数或记录错误等所造成的误差),也不可能是随机误差(一种大小和方向都不固定的偶然性误差。在实际测量中,若处于完全相同的测试条件下,重复测量同一被测量,其测量结果则往往不同)。我们再来分析其是否来源于系统误差。系统误差来源于三个方面:

① 测量设备的误差(由于度量器或仪器仪表具有固有误差):由表 3.1.3 可知,MF—30 型万用表 5 V 直流电压挡的精度等级为 2.5[②],即该挡的引用误差为 2.5%。测量 4.5 V 电压时可能产生的最大绝对误差值为 5 V×2.5% = 0.125 V。而实际测量误差远高于此,可见误差来源不仅仅是测量设备的误差。

② 测量方法的误差:它是由于测量方法不完善而引起的误差。如测量中可能产

---

① 有关误差分析的内容,请参阅本教材第 1 章"电工测量及仪表认识"。
② 仪表的精度等级分为 0.1,0.2,0.5,1.0,1.5,2.5,5.0 共七个等级。

生漏电、热电势以及接触电阻等因素的影响。在该实验测量时,是否由于方法不当而产生过大的误差呢?回答是肯定的。

由表 3.1.6 中列出的性能指标可知,MF—30 型万用表 5 V 直流电压挡的总内阻值为 100 kΩ,与被测点两端的等效电阻值相比拟,不可忽略。当用该表测量各点电压而将表并于被测点两端时,表的内阻便也并于被测点两端,改变了电路原分压比,而产生较大的测量误差。下面以 E_1 单独作用于电路时,测量 U_{AB} 和 U_{BC} 为例来进行误差分析计算:

测量 U_{AB} 时等效电路如图 3.1.4 所示。A、B 两点和 B、C 两点的等效电阻为
$$R_{AB} = R_1 \mathbin{/\mkern-5mu/} R_0 = 50 \text{ kΩ}$$
$$R_{BC} = R_2 \mathbin{/\mkern-5mu/} R_3 = 50 \text{ kΩ}$$

因此,这时有: $U_{AB} = 0.5 \times 4.5 \text{ V} = 2.25 \text{ V}$

其绝对误差为: $\Delta = 3.00 \text{ V} - 2.25 \text{ V} = 0.75 \text{ V}$

测量 U_{BC} 时等效电路如图 3.1.4(b)。A、B 两点和 B、C 两点的等效电阻为:
$$R_{AB} = R_1 = 100 \text{ kΩ}$$
$$R_{BC} = R_0 \mathbin{/\mkern-5mu/} R_2 \mathbin{/\mkern-5mu/} R_3 = 33.3 \text{ kΩ}$$

这时: $U_{BC} = 0.25 \times 4.5 \text{ V} = 1.125 \text{ V}$

其绝对误差为: $\Delta = 1.5 \text{ V} - 1.125 \text{ V} = 0.375 \text{ V}$

通过对这一误差来源的数据进行分析,基本可确定这是题目中测量误差的主要来源。采用同样的分析方法,可计算出用 MF—30 型万用表 5 V 直流电压挡测量其他各点的示值。

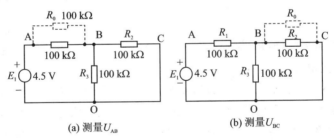

(a) 测量 U_{AB} (b) 测量 U_{BC}

图 3.1.4 实验电路图

③ 测量条件的误差:即由于周围环境变化以及测量人员的视差等而引起的误差。由题意知,测量条件的误差在本次误差分析中不是主要矛盾,在此不加以分析。

综上所述:以上实验数据的测量误差主要来源于仪表的内阻。通常是对被测量的数量等级大小范围有一估计后做量程选择。对于指针式仪表来说,仅从测量设备的引用误差这一角度考虑,在允许的条件下应尽可能地选择小量程挡,以减少测量的绝对或相对误差(指针偏转在满量程的 2/3 以上为好)。但在测量仪表的内阻对被测电路的影响不可忽视,甚至成为主要矛盾时,就应综合考虑是否更换仪表或改大量程。

第10章 电工实验习题

2.1 电工实验习题

一、单项选择题（将唯一正确的答案代码填入下列各题括号内）

1. 在不引起附加误差的正常条件下进行测量时,若仪表可能产生的最大误差为 $\Delta A_{\max}$,仪表的量程(测量上限或满刻度)为 A_N, $\dfrac{\Delta A_{\max}}{A_N} \times 100\%$ 称为(   )。

 (a) 引用误差　　　　(b) 最大百分误差　　　　(c) 最大百分绝对误差

2. 设被测量的真值(实际值)为 A,仪表测量所得的值为 A',则绝对误差为(   )。

 (a) $\Delta A = A' - A$　　(b) $\Delta A = \dfrac{A - A'}{A}$　　(c) $\dfrac{A' - A}{A} \times 100\%$

3. 因为制造工艺技术的不精确所造成的电工仪表的测量误差称为(   )。

 (a) 绝对误差　　　　(b) 基本误差　　　　(c) 相对误差

4. 一个量程为 30 A 的电流表,其最大基本误差为 ±0.45 A,则该表的准确度为(   )。

 (a) 1.5 级　　　　(b) 2.5 级　　　　(c) 2.0 级

5. 当限定相对测量误差必须小于 ±2% 时,用准确度为 1.0 级、量程为 250 V 的电压表所测量的电压值应为(   )。

 (a) 小于 125 V　　(b) 不大于 250 V　　(c) 大于 125 V

6. 准确度为 1.0 级、量程为 250 V 的电压表,它的最大基本误差为(   )。

 (a) ±2.5 V　　　　(b) ±0.25 V　　　　(c) ±25 V

7. 一量程为 250 V 的电压表最大误差为 ±2.5 V,则它的精度等级为(   )。

 (a) 1.0 级　　　　(b) 0.1 级　　　　(c) 2.5 级

8. 用下列三个电压表测量 20 V 的电压,测量结果的相对误差最小是(   )表。

 (a) 准确度 1.5 级,量程 30 V

 (b) 准确度 0.5 级,量程 150 V

 (c) 准确度 1.0 级,量程 50 V

9. 用一量程为 30 A 的电流表测量电路电流,当读数为 10 A 时的最大误差为 ±4.5%,则该电流表的准确度等级为(   )。

(a) 4.5 级　　　　　(b) 1.5 级　　　　　(c) 0.15 级

10. 用准确度为 2.5 级、量程为 10 A 的电流表在正常条件下测得电路的电流为 4 A 时,可能产生的最大相对误差为(　　)。

(a) 6.25%　　　　　(b) 2.5%　　　　　(c) 10%

11. 用准确度为 2.5 级、量程为 30 A 的电流表在正常条件下测得电路的电流为 15 A 时,可能产生的最大绝对误差为(　　)。

(a) ±0.375 A　　　(b) ±0.05 A　　　(c) ±0.75 A

12. 直读仪表的准确度是按(　　)分级的。

(a) 相对误差　　　(b) 最大绝对误差　　　(c) 引用误差

13. 在实验电路中,除源就是(　　)。

(a) 将电压源短路　　(b) 将电压源开路
(c) 将电压源撤掉　　(d) 将电压源移开再用导线代替

14. 为判断负载阻抗是否呈感性,实验中可采用(　　)的方法。

(a) 在负载两端并联一小电容,观察总电流是否减小
(b) 在负载两端并联一小电容,观察总有功功率是否减小
(c) 在负载两端并联一小电容,观察负载电流是否减小
(d) 在负载两端并联一小电容,观察负载有功功率是否减小

15. 在星形连接的三相负载电路中,负载不对称时,(　　)。

(a) 中线电流不为零,中线电压也不为零
(b) 中线电流为零,中线电压也为零
(c) 中线电流不为零,中线电压为零
(d) 中线电流为零,中线电压不为零

16. 在三角形连接的三相负载电路中,负载不对称时,各项(　　)。

(a) 负载电压不相等,负载电流也不相等
(b) 负载电压相等,但负载电流不相等
(c) 负载电流不相等,但线电流相等
(d) 负载电压不相等,但线电压相等

17. 图 3.2.1 所示为电灯 EL 和单刀开关 S 在 380 V/220 V 三相四线制供电系统中与电源的三种连接法,其中正确的接法是(　　)。

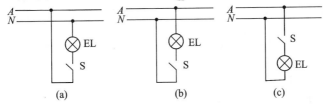

图 3.2.1　电灯与单刀开关的三种接法

18. 已知在图 3.2.2(a)中 $L=0.5$ H,图 3.2.2(b)中 $L'=2.5$ H,若要使图 3.2.2(a)电路与图 3.2.2(b)电路在 $\omega=10$ rad/s 时等效,则图 3.2.2(a)中 R 及图 3.2.2(b)中 R' 分别为(   )。

(a) $R=10$ Ω $R'=12.5$ Ω
(b) $R=12.5$ Ω $R'=10$ Ω
(c) $R=10$ Ω $R'=0.1$ Ω

19. 图 3.2.3 为两个正弦交流等效电路,已知 $R=9$ Ω,$R'=10$ Ω,$C=\frac{1}{6}$F,$C'=\frac{1}{60}$F,需要施加的正弦信号的角频率 ω 为(   )。

(a) 0.32 rad/s   (b) 0.11 rad/s   (c) 2 rad/s

20. 分析图 3.2.4 所示控制电路,当接通电源后其控制作用正确的是(   )。

(a) 按 SB_2,接触器 KM 通电动作;按 SB_1,KM 断电恢复常态
(b) 按 SB_2,KM 通电动作,松开 SB_2,KM 即断电
(c) 按 SB_2,KM 通电动作,按 SB_1,不能使 KM 断电恢复常态,除了非切断电源

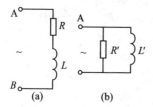

图 3.2.2 单选题 18 图

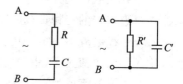

图 3.2.3 正弦交流等效电路

21. 图 3.2.5 所示控制电路中,在接通电源后将出现的现象是(   )。

(a) 按一下 SB_2,接触器 KM 长期吸合
(b) 接触器的线圈交替通电断电造成触点不停地跳动
(c) 按一下 SB_2,接触器不能吸合

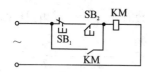

图 3.2.4 单选题 20 的控制电路

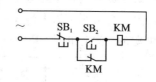

图 3.2.5 单选题 21 的控制电路

22. 电流对人体外部的创伤称为(   )。
    (a) 电击   (b) 电伤   (c) 烧伤

23. 电流流经人体内部对内脏器官的伤害称为(   )。

(a) 电击　　　　　　(b) 电伤　　　　　　(c) 烧伤

24. 电弧对人体的损伤属于(　　)。

(a) 电击　　　　　　(b) 烧伤　　　　　　(c) 电伤

25. 图 3.2.6 所示为刀闸、熔断器与电源的三种连接方法,其中正确的接法是(　　)。

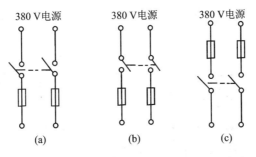

图 3.2.6　刀闸、熔断器与电源的三种连接方法

二、非客观题

1. 如果某电压表的精度等级为 1.0,用它的 30 V 量程挡测出被测电压的读数为 21 V。试计算所测结果可能产生的最大绝对误差和相对误差各为多少?

2. 在实验中,用 C31—V 电压表的 15 V 量程挡测出被测电压为 10 V。已知 C31—V 表的内阻为 500 Ω/V。试问该表此时的内阻为多少?

3. 在测量某电路的有功功率时,选择功率表电压线圈的量程为 500 V,电流线圈的量程为 0.5 A,功率表的测量刻度值是 150。测量时,指针定在 100 刻度上。问:此时的功率表的量程是多少? 测得的功率是多少?

4. 电路如图 3.2.7 所示,已知 C 点为参考点,有 $U_A=10$ V,$U_B=5$ V,$U_D=-3$ V;电阻 R_1 的标称值为 100 Ω、10 W,R_3 电阻的耗散功率为 1 W。问:

① U_{AB}、U_{AD}、U_{BC}、U_{CD} 各为多少伏? R_2、R_3 的电阻值为多大?

② 电阻 R_1 上最多容许加多大的电压?

③ 电阻 R_3 上最多容许通过多大的电流?

④ 电路 A、D 两端容许加多大电压?

5. 在如图 3.2.8 所示电路中,电流表的内阻 $R_g=5$ kΩ,通过表头的满量程最大电流 $I_g=200$ μA。问直接用这个表头可测量多大的电压? 如果该表量程有 10 V、50 V、250 V 挡时,求分压电阻 R_1、R_2、R_3。

6. 电路如图 3.2.9 所示,已知电容 C 两端的电压表读数为 32 V、R_2 两端的电压表的读数为 20 V、输入端 u 两端电压表的读数为 40 V,分别求 R_1、L 两端的电压表读数。

7. 日光灯的等效电路如图 3.2.10 所示,已知日光灯管电阻 $R_1=280$ Ω,镇流器的电阻 $R_2=20$ Ω,镇流器的电感 $L=1.65$ H,电源为工频 220 V。

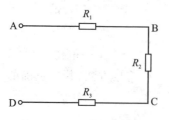

图 3.2.7 非客观题 4 图

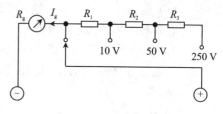

图 3.2.8 非客观题 5 图

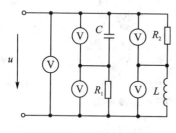

图 3.2.9 非客观题 6 图

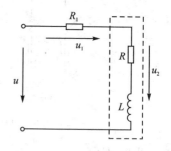

图 3.2.10 日光灯等效电路

① 求电路总电流 I 及各部分电压 u_1、u_2。

② 在日光灯电路两端并联电容是为了增加日光灯电路的有功功率吗?

③ 随日光灯两端并联的电容量增加总电流 I 减小。若电容量继续增加,总电流 I 将怎样变化?

8. 实验电路原理图如图 3.2.11 所示,现有若干电流表、电压表、功率表,若要同时观察 U_{AB}、U_{BC}、U_{BO} 的电压和各支路电流,图 3.2.12 中各件将如何连接?

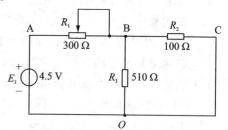

图 3.2.11 实验原理图

9. 现有一电动机铭牌如图 3.2.13 所示。问:

① 它的磁极对数为多少?

② 它的额定转矩为多少?

③ 在额定运行情况下,绕组的电压、电流为多少?

④ 其启动电流为多少?

⑤ 如何改变三相异步电动机的旋转方向?

10. 在测量如图 3.2.14 电路的有功功率时,选择功率表电压线圈的量程为 500 V,电流线圈的量程为 0.5 A;功率表的测量刻度值是 150。测量时,指针定在 100 刻度上。问:

① 此时的功率表的量程是多少?

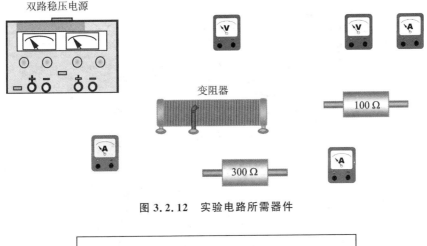

图 3.2.12 实验电路所需器件

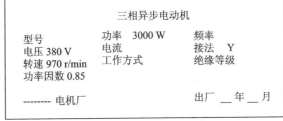

图 3.2.13 三相异步电动机铭牌

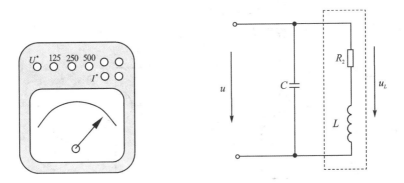

图 3.2.14 非客观题 10 图

② 选择测量量程时功率表将怎样接线？如何与电路连接？

③ 测得的功率是多少？

11. 正弦波电压如图 3.2.15 所示，试求该电压的周期、频率和有效值。

12. 图 3.2.16 为日光灯电路，若要测量其电流、电压和有功功率，将选择哪些仪表？如何接入电路？

13. 对于三相三线制和三相四线制负载电路的功率测量应采取什么方法？若要

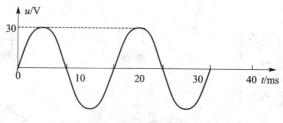

图 3.2.15 正弦波电压

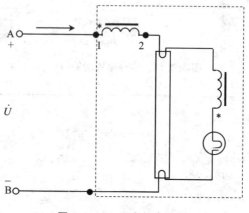

图 3.2.16 日光灯电路图

测量如图 3.2.17 所示负载电路的功率,可采用哪种测量方法?

14. 图 3.2.18 所示电路中,$i = 2\sin(100t) + \sin(300t - 15°)$ A,今测得电压表 Ⓥ 的读数为 155 V,功率表 Ⓦ 读数为 120 W。问 R 和 C 值是多少?

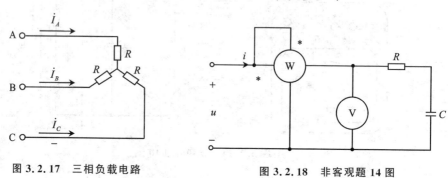

图 3.2.17 三相负载电路　　　图 3.2.18 非客观题 14 图

15. 某工厂有三个车间,每一车间装有 10 盏 220 V、100 W 的白炽灯,用 380 V 的三相四线制供电。

(1) 画出合理的配电接线图。

(2) 若各车间的灯同时点亮,求电路的线电流和中线电流。

(3) 若只有两个车间用灯,再求电路的线电流和中线电流。

16. 图 3.2.19 所示的三相异步电动机 M 启停、正反转控制电路中存在错误。
(1) 请用文字说明错误之处,并画出正确的控制电路。
(2) 图中的 FR 作用何在?
(3) 电路是否有短路和欠压保护?它们分别由什么电器来实现?

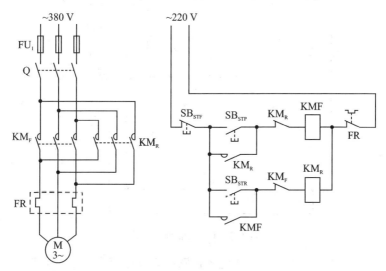

图 3.2.19　三相异步电动机启停、正反转电路

17. 图 3.2.20 所示为电动机既能连续运转又能点动的正反转控制电路。试画出它的主电路,并说明使电动机正转点动、反转连续运转的操作过程。

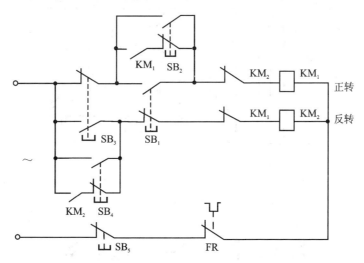

图 3.2.20　电动机控制电路

18. 图 3.2.21 所示电路中,对称三相负载各相的电阻为 80 Ω,感抗为 60 Ω,电源的线电压为 380 V。当开关 S 投向上方和投向下方两种情况时,三相负载消耗的

有功功率各为多少?

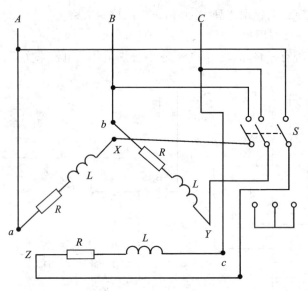

图 3.2.21　三相负载电路

19. 图 3.2.22 所示为三相异步电动机顺序启停控制电路。但电路中存在错误，请用文字说明错误之处，并画出正确的控制电路。控制电路的要求是：M_1 启动后才能启动 M_2，先停 M_2 才能停 M_1。另外，还要求电路具有短路和过载保护。

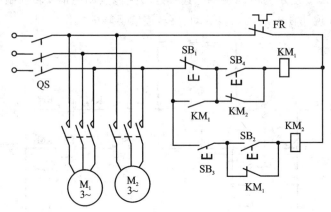

图 3.2.22　三相异步电动机控制电路

2.2　电工实验习题答案

一、单项选择题答案

1.(a) 2.(a) 3.(b) 4.(a) 5.(c) 6.(a) 7.(a) 8.(a) 9.(b) 10.(a) 11.(c)

12. (c) 13. (d) 14. (a) 15. (c) 16. (b) 17. (c) 18. (a) 19. (c) 20. (c) 21. (b)
22. (b) 23. (a) 24. (b) 25. (a)

二、非客观题答案

1. 最大绝对误差 0.3 V,相对误差 1.43%。

2. 内阻为 7 500 Ω。

3. 量程是 250 W,功率是 166.67 W。

4. (1) $U_{AB}=5$ V,$U_{AD}=13$ V,$U_{BC}=5$ V,$U_{CD}=3$ V,$R_2=100$ Ω,$R_3=60$ Ω;
   (2) 31.62 V;
   (3) 0.13 A;
   (4) 33.8 V。

5. 表头可测 1 V,$R_1=45$ kΩ,$R_2=200$ kΩ,$R_2=1\ 000$ kΩ。

6. R_1 两端的电压为 24 V,L 两端的电压为 34.64 V。

7. (1) I 为 0.367 A,U_1 为 102.89 V,U_2 为 190.52 V;
   (2) 不是,为了减小电路总电流,提高日光灯电路的功率因素;
   (3) 减小到一定值后,会增大,电路变为容性负载。

8. 连线题(略)。

9. (1) 磁极对数是 3;
   (2) 额定转矩是 29.6 N·m;
   (3) 绕组电压是 220 V,绕组电流是 5.3 A;
   (4) 启动电流约是 30 A;
   (5) 对调两相电源的相序。

10. (1) 250 W;
    (2) 连线(略);
    (3) 166.67 W。

11. 周期 15 ms;频率 66.67 Hz;有效值 21.22 V。

12. 交流电压、电流表和瓦特表。

13. 三相三线制用二表法,三相四线制用三表法;图示电路为三相三线制所以用二表法。

14. R 是 48 Ω;C 是 106 μF。

15. (1) 图略;
    (2) 线电流 4.55 A,中线电流 0;
    (3) 线电流 4.55 A,中线电流 4.55 A。

16. (1) 主回路熔断丝应在刀开关的下方,控制回路少熔断丝,停止按钮与正转启动按钮位置交换,正转与反转的自锁点弄反了;
    (2) 起过载保护的作用;

(3) 有。熔断器 FU_1 作短路保护,交流接触器 KM_F、KM_R 作欠压保护。

17. 略。

18. S 向上,负载接成△形,消耗的有功功率为 3.47 kW；
    S 向下,负载接成 Y 形,消耗的有功功率为 1.16 kW。

19. 主电路缺少热继电器 FR 热元件；
    控制电路和主电路缺少熔断器；
    启动顺序联锁、停车顺序连锁错；
    KM1、KM2 的自锁错；
    SB3 的触点错。

第 11 章 电工实验理论考卷(样卷)

"电工学"期末考试卷由课堂理论及实验理论两部分组成。课堂理论考题按 100 分计算,并单独计算成绩。实验理论考题按 45 分计算(分值有时会有调整),它是实验成绩的一部分。实验成绩的计算方法见绪论。本书收集的实验理论考卷,要求在 20 分钟内完成。

试卷 1

实验题

一、单项选择题:在下列各题中,将唯一正确的答案代码填入括号内(本大题分 5 小题,每小题 3 分,共 15 分)。

1. 一个量程为 30 A 的电流表,其最大基本误差为 ±0.45 A,则该表的准确度为( )。

   (a) 2.5 级　　　　(b) 1.5 级　　　　(c) 2.0 级

2. 设被测量的真值(实际值)为 A,仪表测量所得的值为 A',则绝对误差为( )。

   (a) $\Delta A = A' - A$　　(b) $\Delta A = \dfrac{A - A'}{A}$　　(c) $\dfrac{A' - A}{A} \times 100\%$

3. 为判断负载阻抗是否呈感性,实验中可采用( )的方法。

   (a) 在负载两端并联一个小电容,观察负载电流是否减小
   (b) 在负载两端并联一个小电容,观察总有功功率是否减小
   (c) 在负载两端并联一个小电容,观察总电流是否减小

4. 三相电路中,如负载不对称且为星形连接时,为使负载正常工作( )。

   (a) 中线接保险丝和开关
   (b) 中线不允许接保险丝和开关
   (c) 中线可接也可不接保险丝和开关

5. 在三相异步电动机正、反转控制电路中,为防止电源短路需要加( )。

   (a) 机械连锁　　　　(b) 电气自锁　　　　(c) 电气连锁

二、非客观题(本大题 15 分)。

用图 3.3.1 给出的电压表、电流表、功率表和电流插座一次性接线,测量图中正弦交流电路的电压 U、电流 I、I_C、I_L 和功率 P。

问所测电流 I, I_C, I_L 是否满足基尔霍夫电流定律？为什么？

试卷 1 实验题答案

一、单项选择题(本大题 15 分:5×3 分)

1.（b） 2.（a） 3.（c） 4.（b） 5.（c）

二、非客观题:(本大题 15 分)

测得的电流 I, I_C, I_L 不满足基尔霍夫电流定律,因为这些电流是相量,其有效值不能直接相加。答案如图 3.3.2 所示。

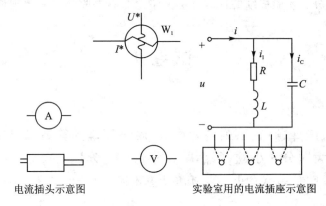

图 3.3.1　连接电路

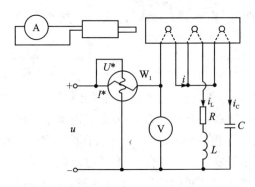

图 3.3.2　正确接法

试卷 2

实验题

一、单项选择题：在下列各题中，将唯一正确的答案代码填入括号内（本大题分 4 小题，每小题 3 分，共 12 分）。

1. 一个量程为 20 A 的电流表，其最大基本误差为 ±0.5 A，则该表的准确度为（　　）。

    (a) 2.5 级　　　　　　(b) 1.5 级　　　　　　(c) 2.0 级

2. 设被测量的真值（实际值）为 A，仪表测量所得的值为 A'，则相对误差为（　　）。

    (a) $\Delta A = A' - A$　　(b) $\Delta A = \dfrac{A - A'}{A}$　　(c) $\dfrac{A' - A}{A} \times 100\%$

3. 用下列三个电压表测量 20 V 的电压，测量结果的相对误差最小的是（　　）表。

    (a) 准确度 1.5 级，量程 30 V

    (b) 准确度 0.5 级，量程 150 V

    (c) 准确度 1.0 级，量程 50 V

4. 为判断负载阻抗是否呈感性，实验中可采用（　　）的方法。

    (a) 在负载两端并联一个小电容，观察负载电流是否增大

    (b) 在负载两端并联一个小电容，观察总有功功率是否相等

    (c) 在负载两端并联一个小电容，观察总电流是否减小

二、非客观题（本大题 18 分）。

有一额定电压为 110 V 的电气设备，其工作电流 1 A < I < 2 A，把它接于 $f = 50$ Hz 的正弦交流电路中，用功率表测得它的功率为 100 W。已知功率表的规格为：电压量程 $U_N = 300$ V，150 V，75 V；电流量程 $I_N = 1$ A，2 A；功率因 $\lambda = \cos\phi_N = 0.5$；满刻度 150 格。问：

(1) 测量时如何选择功率表的电压，电流的量程最合适？

(2) 根据所选量程将功率表正确接入电路，其指针指出的格数为多少？

(3) 在图 3.3.3 中画出电源及功率表接入设备的接线图。

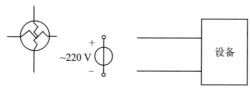

图 3.3.3　连接器件

试卷 2 实验题答案

一、单项选择题:(本大题 12 分:4×3 分)

1. (a) 2. (c) 3. (a) 4. (c)

二、非客观题:(本大题 18 分:3×6 分)

(1) 由 $U_N=110$ V,$I_{Nmax}=2$ A,得功率表适合量程为:$U_N=150$ V,$I_N=2$ A。

(2) $P_{max}=U_N I_N \cos\phi_N=150\times 2\times 0.5=150$ W,所以满刻度为 150 格,每格为 1 W。测得电路功率为 100 W,所以指针指出的格数为 100 格。

(3) 功率表的电压线圈与设备并联,电流的线圈与设备串联,如图 3.3.4 所示。

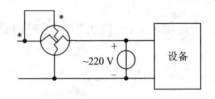

图 3.3.4　正确接法

试卷 3

实验题

一、单项选择题：在下列各题中，将唯一正确的答案代码填入括号内（本大题分 5 小题，每小题 4 分，共 20 分）。

1. 一个量程为 30 A 的电流表，其最大基本误差为 ±0.6 A，则该表的准确度为（　）。

   (a) 2.5 级　　　　　(b) 1.5 级　　　　　(c) 2.0 级

2. 设被测量的真值（实际值）为 A，仪表测量所得的值为 A'，则绝对误差为（　）。

   (a) $\dfrac{A'-A}{A}\times 100\%$　　(b) $\Delta A=\dfrac{A-A'}{A}$　　(c) $\Delta A=A'-A$

3. 用下列三个电压表测量 20 V 的电压，测量结果的相对误差最小的是（　）表。

   (a) 准确度 1.5 级，量程 30 V　　　(b) 准确度 0.5 级，量程 150 V

   (c) 准确度 1.0 级，量程 50 V

4. 为判断负载阻抗是否呈容性，实验中可采用（　）的方法。

   (a) 在负载两端并联一个小电感，观察负载电流是否减小

   (b) 在负载两端并联一个小电感，观察总有功功率是否减小

   (c) 在负载两端并联一个小电感，观察总电流是否减小

5. 在星形连接的三相负载电路中（有中线），负载不对称时，（　）。

   (a) 中线电流不为零，中线电压也不为零

   (b) 中线电流为零，中线电压也为零

   (c) 中线电流不为零，中线电压为零

二、非客观题（本大题 10 分）。

以下是一笼型电动机的接线盒的六个接线柱（定子的三相绕组），分别标为 U_1，V_1，W_1，U_2，V_2，W_3，其中：

(1) U_1 和 U_2 是第一相绕组的首（始）端和尾（末）端；

(2) V_1 和 V_2 是第二相绕组的首（始）端和尾（末）端；

(3) W_1 和 W_2 是第三相绕组的首（始）端和尾（末）端；

(4) L_1，L_2，L_3 分别为三相电源的第一、二、三相电源；

要求：将图 3.3.5(a) 的定子三相绕组接成星形（Y），将图 3.3.5(b) 的定子三相绕组接成三角形（△）。

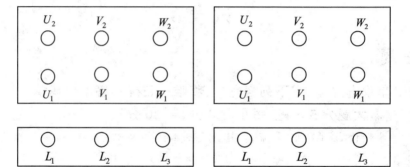

图 3.3.5 笼型电动机的接线图

试卷 3 实验题答案

一、单项选择题：(本大题 20 分：5×4 分)
1.（c） 2.（c） 3.（a） 4.（c） 5.（c）

二、非客观题：(本大题 10 分：2×5 分)
图略。星形连接：5 分；三角形连接：5 分。

试卷 4

实验题

一、单项选择题：在下列各题中，将唯一正确的答案代码填入括号内（本大题分 5 小题，每小题 4 分，共 20 分）。

1. 电源电压的实际值为 220 V，今用准确度为 1.5 级、满标值为 250 V 和准确度为 1.0 级、满标值为 500 V 的两个电压表测量，（　　）比较准确。
   (a) 1.5 级、满标值为 250 V 的电压表
   (b) 准确度为 1.0 级、满标值为 500 V 的电压表
   (c) 两个表一样准确

2. 设被测量的真值（实际值）为 A，仪表测量所得的值为 A'，则引用误差为（　　）。
   (a) $\Delta A = A' - A$ (b) $\Delta A = \dfrac{\Delta}{A_m} \times 100\%$ (c) $\dfrac{A' - A}{A} \times 100\%$

3. 在"日光灯管功率因数提高"实验中，当日光灯并联一个小电容后发生（　　）
   (a) 日光灯支路电流增加，有功功率增加，总无功功率增加，总视在功率增加，总功率因数增加
   (b) 日光灯支路电流不变，有功功率不变，总无功功率增加，总视在功率减小，总功率因数增加
   (c) 日光灯支路电流不变，有功功率不变，总无功功率减小，总视在功率减小，总功率因数增加

4. 为判断负载阻抗是否呈感性，实验中可采用（　　）的方法。
   (a) 在负载两端并联一个电阻
   (b) 在负载两端并联一个大电容
   (c) 在负载两端并联一个小电容

5. 下列选项错误的是（　　）。
   (a) 继电器线圈在不受电时，常闭触点闭合，常开触点断开。
   (b) 接触器线圈在受电时，常闭触点闭合，常开触点断开，主触点闭合。
   (c) 热继电器起过载保护作用，熔断器起短路保护作用。

二、非客观题（本大题 10 分）。

三相电路中：
(1) 若负载不称且为星形连接：
   (a) 请说明中线的作用；
   (b) 为什么中线不允许接保险丝和开关？

(2) 负载三角形连接时，试画出用二瓦特表测三相功率的电路图。

试卷 4 实验题答案

一、单项选择题：(本大题 20 分：5×4 分)

1．(a) 2．(b) 3．(c) 4．(c) 5．(b)

二、非客观题：(本大题 10 分：2×5 分)

(1) (a) 中线的作用在于强迫中性点等电位，即使负载上各相电压对称；

(b) 一旦保险丝和开关断开，中线将失去其作用，引起事故。

(2) 正确接法如图 3.3.6 所示。

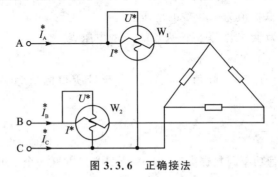

图 3.3.6　正确接法

试卷 5

实验题

一、单项选择题:在下列各题中,将唯一正确的答案代码填入括号内。(本大题分 5 小题,每小题 5 分,共 25 分)。

1. 用准确度为 2.5 级,量程为 30 A 的电流表在正常条件测得电路的电流为 15 A 时,可能产生的最大绝对误差为(   )。

   (a) ±0.375   (b) ±0.05   (c) ±0.75

2. 图 3.3.7 所示为电灯 HL 和单刀开关 S 在 380/220 V 三相四线制供电系统中与电源的三种接法,其中正确的接法是(   )。

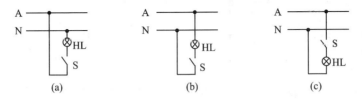

图 3.3.7 电灯 HL 与单刀开关 S 的接法

3. 在测量某电路的有功功率时,选择功率表电压线圈的量程为 500 V,电流线圈的量程为 0.5 A;功率表的测量刻度值是 150。测量时,指针定在 100 刻度上。此时测得的功率为(   )。

   (a) 150 W   (b) 100 W   (c) 167 W

4. 三相不对称负载作星形联接接在三相四线制的供电系统中,中线的作用是(   )。

   (a) 强迫中性点等电位,使各相电源相电压对称
   (b) 强迫中性点等电位,使各相负载相电压对称
   (c) 强迫中性点等电位,使各相负载相电流对称
   (d) 强迫中性点等电位,使各相电源相电流对称

5. 在实验电路中,除源就是(   )。

   (a) 将电压源短路   (b) 将电压源开路
   (c) 将电压源撤掉   (d) 将电压源移开再用导线代替

二、实验题(本大题有 2 小题,共 20 分。第 1 题选择填空每空 1 分;第 2 题 9 分)

在"日光灯电路的实验"中:

1. 利用电容箱的开关组合逐步提高并入电路的电容量时(从 1 μF 到 6 μF),日光灯支路电流(   ),有功功率(   ),无功功率(   ),视在功率(   ),功率因数

(　　);电路的总电流(　　),总有功功率(　　),总无功功率(　　),总视在功率(　　)。若继续增大电容量,总电流又(　　),说明电路已过补偿,进入(　　)(容性/感性)状态。

(a) 增大　　　　(b) 减小　　　　(c) 不变

2. 画连线图。

(1) 将图 3.3.8(a)功率表,连接到图 3.3.8(b)所示电路中,测量电路总功率。若电压是 220 V,选择多大的电压量程? 此时要求电流线圈选择最大量程,功率表可测得最大功率是多少? 画连线图并回答问题。

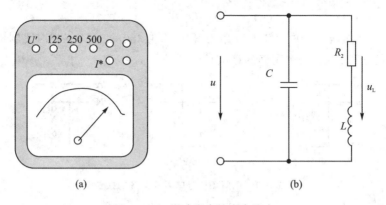

图 3.3.8　把功率表接在电路中

(2) 要求用图 3.3.9 所示的电流插头及测试棒将功率表活接后,给线电压为 380 V 的三相负载测量功率。用二瓦计法,测两次。问:电流插头和测试棒两次分别接在何处? 电压线圈选择多大的电压量程? 此时要求电流线圈选择最大量程,功率表可测得的最大功率是多少? 回答问题并画功率表活接的连线图。

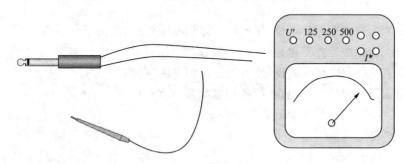

图 3.3.9　功率表活接

试卷 5 实验题答案

一、单项选择题:(本大题 25 分:5×5 分,共 25 分)

1. (c)　2. (c)　3. (c)　4. (b)　5. (d)

二、非客观题(本大题 20 分:第 1 题每空 1 分;第 2 题 9 分)

在"日光灯电路的实验"中,

1. 利用电容箱的开关组合逐步提高并入电路的电容量时(从 1 μF 到 6 μF),日光灯支路电流(c),有功功率(c),无功功率(c),视在功率(c),功率因数(c);电路的总电流(b),总有功功率(c),总无功功率(b),总视在功率(b)。若继续增大电容量,总电流又(a),说明电路已过补偿,进入(容性)(容性/感性)状态。

(a) 增大　(b) 减小　(c) 不变

2. (1)(本问 6 分,其中图 4 分,回答问题 2 分)

电压线圈选择 250 V 量程。功率表可测得最大功率是 250 V×1 A＝250 W。把功率表接在电路中的连线图如图 3.3.10 所示。

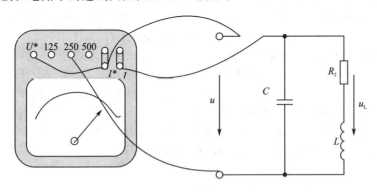

图 3.3.10　把功率表接在电路中的连线图

(2)(本问 8 分,其中图 3 分,回答问题 5 分)

第一次电流插头插在 A 相,测试棒插在 C 相;第二次电流插头插在 B 相,测试棒插在 C 相。电压线圈选择 500 V。功率表可测得最大功率是 500 V×1 A＝500 W。功率表活接的连线图如图 3.3.11 所示。

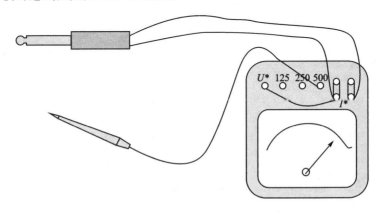

图 3.3.11　功率表活接的连线图

参考文献

[1] 秦曾煌. 电工学[M]. 北京:高等教育出版社,2005.
[2] 王久和. 电工电子实验教程[M]. 北京:人民邮电出版社,2004.
[3] 骆雅琴. 电工技术辅导与实习教程[M]. 合肥:中国科学技术大学出版社,2004.
[4] 骆雅琴. 电子技术辅导与实习教程[M]. 合肥:中国科学技术大学出版社,2004.
[5] 李伟鹏. 电工与电子技术实验教程[M]. 北京:科学出版社,2002.
[6] 关宇东. 电工学实验[M]. 哈尔滨:哈尔滨工业大学出版社,2000.
[7] 李东升,等. 信号与电子系统原理及EDA仿真[M]. 北京:中国科学技术大学出版社,2000.
[8] 吴道悌,王建华. 电工学实验[M]. 北京:高等教育出版社,1999.
[9] 王振宇,李惠敏. 实验电子技术[M]. 天津:天津大学出版社,1998.
[10] 周政新. 电子设计自动化实践与训练[M]. 北京:中国民航出版社,1998.
[11] 朱承高,陈钧娴. 电工及电子实验[M]. 上海:上海交通大学出版社,1997.
[12] 王玫. 电工与电子技术实验教程[M]. 北京:中国铁道出版社,1996.
[13] 罗挺前. 电工学实验[M]. 北京:化学工业出版社,1990.
[14] 日本三菱电气公司. PROGRAMABLE CONTROLLERS OPERATION MANUAL—FX-20P-E PROGPAMMING PANEL. 东京,1999.
[15] 日本三菱电气公司. PROGRAMABLE CONTROLLERS OPERATION MANUAL—FX_{2N} SERIES PROGRAMABLE CONTROLLERS. 东京,1999.